複雜系統彈性建模與評估

李瑞瑩，杜時佳，康銳 著

前言

在可靠性研究的初期，常常把系統簡化為「正常」和「故障」兩種狀態（即系統「二態性」），並在此基礎上開展可靠性建模、設計、分析、評估的理論和方法研究。隨著研究的不斷深入，人們發現複雜系統在「正常」和「故障」兩種狀態之間還存在 1～n 種性能降級狀態，「多態系統」的概念隨之被提出。這種離散多態系統的抽象，很大程度上擴展了可靠性研究範圍。然而，還有很多系統具有連續多態性，例如網路的流量、連續控制系統的輸出等。這一類系統僅僅靠現有的可靠性理論難以全面刻劃系統的整體特性。

系統彈性，關注系統對擾動的承受和恢復能力，其度量的基礎是系統性能在擾動前後的變化，尤其適用於連續多態系統。因此從最初接觸「彈性」這一概念開始，我們就認為它是系統可靠性概念在性能維度上的延展。我們的興趣油然而生：系統彈性有什麼表現規律？系統彈性由何而來？如何從解析、仿真、試驗的角度實現對系統的彈性評估？等等。在這些問題的牽引下，我們從2013年起開始開展系統彈性的研究工作，在國家自然科學基金項目和企業合作項目支持下取得了一些成果。

本書聚焦複雜系統的彈性建模與評估方法，第 1 章總結評述了關於系統彈性研究的大量已有成果；第 2～3 章論述了系統彈性模型，包括基於性能函數的系統彈性模型、基於聚合隨機過程的多態系統彈性建模；第 4～7 章論述了系統彈性分析與評估方法，包括面向彈性的部件重要性分析、基於蒙特卡羅的系統彈性評估、擾動識別與系統彈性測評、複雜網路系統彈性規律研究。本書的主要內容來源於國家自然科學基金項目 61773044「彈性建模與分析：從部件到系統」和 71601010「基於聚合隨機過程的多狀態可修系統彈性建模與分析」的研究成果。

本書第 1～2 章、第 5～7 章由李瑞瑩副教授撰寫，第 3 章由杜時佳博士撰寫，第 4 章由康銳教授撰寫，全書由康銳教授策劃和統稿。靳崇、張龔博、董強、馬文停等同學為本書的編寫提供了幫助。雖然作者在本書撰寫過程中盡了最大的努力，但是由於水準有限，不妥之處在所難免，敬請讀者不吝指正。

著　者

目錄

第1章

概述

「彈性（resilience）」一詞源自拉丁文「resiliere」，意為回彈。該詞最早由生態學家 Holling 引入生態學領域，用於「衡量系統可持續性、吸收變化和擾動後維持種群關係的能力」，之後這一概念逐漸擴展到心理學、組織管理、工程系統等領域，廣泛用於評價個體、集體或系統承受擾動以及擾動後的恢復能力。通常，系統可能遭受的擾動可分為兩類：①源於自然災害、人為攻擊的外部擾動（external disruption）；②源於內部故障的系統性擾動（systemic disruption）。顯然，系統受擾動後產生的功能中斷或性能下降，若不能得到及時有效的恢復，則可能產生相當大的損失。

自然災害、流行病、恐怖襲擊、設備故障和人為失誤都可能對組織/系統的連續運行造成潛在的、嚴重的威脅，這些極端自然事件和技術事故之後伴隨的災害和危機的發生，都顯示出傳統風險評估和管理的局限性，在風險的背景下，彈性已被作為常規風險管理的補充和替代方案進行了討論。為了應對如此多的大規模意外事件，彈性分析成為大型複雜基礎設施系統的最佳決策，同時也可作為對於複雜系統自適應管理具有重要意義的風險管理分析的補充。

各國政府現已開始廣泛重視「彈性」研究，並在電力系統、給水網路、通訊網路和交通網路等複雜工程系統中開展了研究與應用。

1.1 彈性的概念與內涵

目前為止還沒有形成統一的彈性定義，我們針對電力系統、通訊網路、交通網路等典型工程系統對象檢索了高被引和綜述性文獻，將其中關於彈性的定義和特性記錄在表 1.1 之中。

表 1.1 彈性在不同系統對象中的定義與特性

對象	定　義	主要特性	文獻來源
工程系統	系統彈性是系統被動生存率（可靠性）和主動生存率（恢復）的總和	• 可靠性 • 恢復	Youn 等（2011）[1]
	彈性是系統在面臨錯誤或挑戰時保持可接受運行的能力	不中斷服務的能力	Madni 和 Jackson（2009）[2]
基礎設施系統	基礎設施的彈性是降低破壞性事件的量級和/或持續時間。一個彈性系統的效能取決於其預測、吸收、適應以及快速恢復自一個潛在破壞性事件的能力	• 預測能力 • 吸收能力 • 適應能力 • 快速恢復能力	Berkeley 和 Wallace（2010）[3]（政府報告）

續表

對象	定義	主要特性	文獻來源
電力系統	彈性指電力系統能抵禦破壞，並能於事後快速恢復的能力	• 抵禦 • 快速恢復	Coaffee(2008)[4]
	彈性指電力系統對於擾動事件的反應能力	• 事前準備與預防 • 過程中抵禦、吸收、響應以及適應 • 事後快速恢復	別朝紅等(2015)[5]
	系統彈性是在意外的干擾下系統降低其影響的量級和持續時間的能力。電力資訊物理系統彈性是在給定的負載優化方案下系統能為用户提供持續電流的能力	• 降低影響的能力 • 持續供電能力	Arghandeh 等(2016)[6]
通訊網路	彈性指在面臨故障和挑戰的時候網路可以提供並保持可接受的服務	• 防禦 • 發現 • 補救 • 恢復	Sterbenz 等(2010)[7]
	彈性指在受到攻擊、大規模災難和其他故障時，網路能夠提供可接受的服務	• 防禦 • 檢測 • 補救 • 恢復	Sterbenz 等(2013)[8]
交通網路	彈性指對給定的網路配置，可以在規定的恢復成本(預算、時間和物理)內滿足災後預期的需求	• 冗餘 • 適應(如恢復活動)	Chen 和 Miller-Hooks (2012)[9]
	彈性指擾動或災難發生後能維持運行或快速恢復	• 魯棒性 • 快速性(恢復)	Mattsson 和 Jenelius (2015)[10]
工業過程系統	彈性指意外情況發生時，能最大限度地減少損失並使操作恢復正常	• 防禦 • 恢復	Dinh 等(2012)[11]
供應鏈	彈性指系統受到擾動後返回原始狀態或達到新的更理想狀態的能力	• 可設計 • 跨公司合作 • 敏捷(快速響應) • 增強	Christopher 和 Peck (2004)[12]
	彈性指從中斷反彈的能力	• 響應 • 恢復	Sheffi 和 Rice(2005)[13]
	彈性指供應鏈為突發事件做好準備，中斷後響應以及恢復到能在結構和功能上提供可持續的連接的能力	• 完好性 • 響應 • 恢復	Ponomarov 和 Holcomb(2009)[14]
	彈性指反應、應對、適應或抵禦突發事件的能力	• 完好性 • 響應 • 恢復 • 成長	Hohenstein 等(2015)[15]

從表 1.1 中可知，雖然「彈性」的定義沒有統一，但大都是相似的，都關注於系統對擾動的承受和恢復能力[16,17]，其關鍵屬性可以概括為預測、抵抗、吸收、適應、恢復幾個方面。圖 1.1 概括了系統的彈性行為：系統在 t_0 時刻受到擾動，由此產生性能降級，之後透過恢復措施，使其性能逐漸恢復到原始狀態或新的穩定狀態。系統對擾動的預測、抵抗、吸收、適應和恢復能力，決定了性能降級和恢復過程。

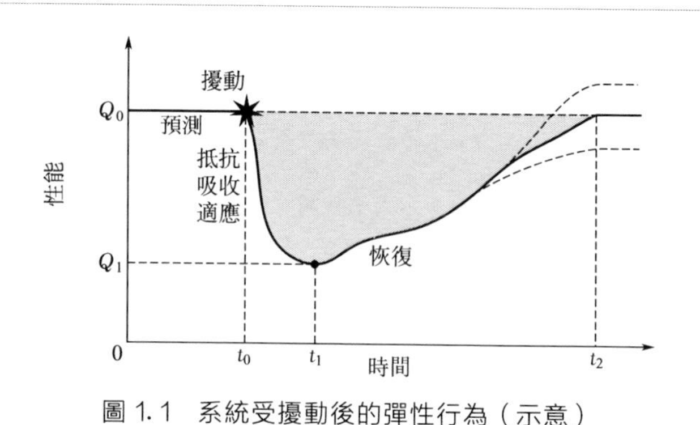

圖 1.1　系統受擾動後的彈性行為（示意）

1.2 彈性的度量

在對工程系統進行彈性設計時，設計人員必須能夠定量評估不同設計方案的彈性水準，以便做出最佳的設計決策。因此，彈性度量是彈性工程實踐的基礎環節，其在定義工程系統彈性以及在工程設計中進一步應用彈性概念方面起著重要作用。儘管人們已經在不同的工程學科開展了彈性度量的探索研究，但由於彈性應用的多樣化，目前的彈性度量方法並沒有標準化。因此，彈性度量研究仍是一個具有挑戰性的問題。從彈性的定義出發，目前已有的系統彈性度量通常圍繞系統性能降級程度與快速恢復性展開，一般可分為確定型度量和機率型度量兩類[18]。

1.2.1 確定型度量

確定型彈性度量來源於美國多學科地震工程研究中心（multidisciplinary center for earthquake engineering research，MCEER）對城市基礎設施遭受地震災害的彈性研究[19]，後來又應用到了通訊、電力等其他領域，可以說是研究應用最多、影響最為廣泛的彈性度量。下面分別簡述各個度量方法❶。

（1）彈性損失

「彈性損失（resilience loss）」這一指標是 MCEER 研究組的 Bruneau 等在文獻［19］中提出的，其定義了一個歸一化的系統性能曲線 $Q(t)$［$0 \leqslant Q(t) \leqslant 100\%$］，並用性能損失函數的積分表達系統彈性損失（圖 1.2）：

$$\mathbb{R}_{\mathrm{B}} = \int_{t_0}^{t_1} [1 - Q(t)] \mathrm{d}t \quad (1.1)$$

式中，t_0 為擾動發生時刻；t_1 為系統性能完全恢復時刻。

（2）基於性能積分的彈性

隨後，Cimellaro 等（2010）[20] 在「彈性損失」的基礎上，提出了採用系統受擾動後其性能函數在整個恢復過程中的積分這一彈性度量方法（圖 1.2）：

$$\mathbb{R}_{\mathrm{C}} = \int_{t_0}^{t_1} Q(t) \mathrm{d}t \quad (1.2)$$

與「彈性損失」相比，基於性能積分的彈性度量實際計算了擾動發生後到完全恢復前的「殘餘性能」。

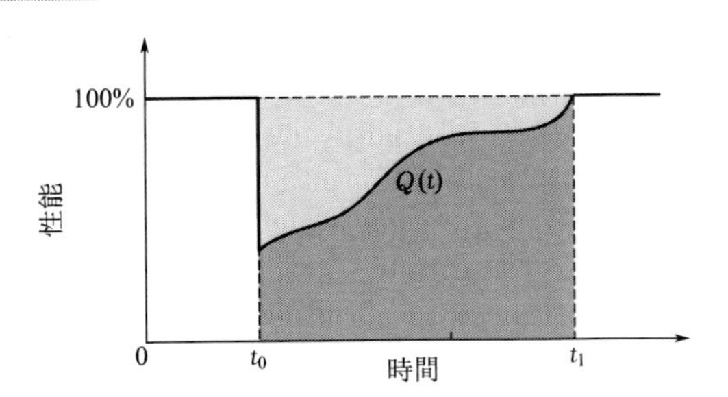

圖 1.2　彈性損失與基於性能積分的彈性度量

（3）基於性能積分比的彈性

Reed 等（2009）[21] 又在性能曲線 $Q(t)$ 的基礎上，提出將性能函數的積分與恢復時間之比定義為系統彈性，即系統受擾動後性能函數下的面積所占系統未受擾動時性能函數下全部面積的比例（圖 1.3）：

❶ 本書將所有彈性表達符號統一為 $\mathbb{R}$。

$$\mathbb{R}_R = \frac{\int_{t_s}^{t_e} Q(t)\mathrm{d}t}{t_e - t_s} \tag{1.3}$$

式中，t_s 和 t_e 為任意兩個時間點。Reed 等（2009）[21] 給出的這一彈性度量實際就是 $t_s \sim t_e$ 時間範圍內的平均殘餘性能。

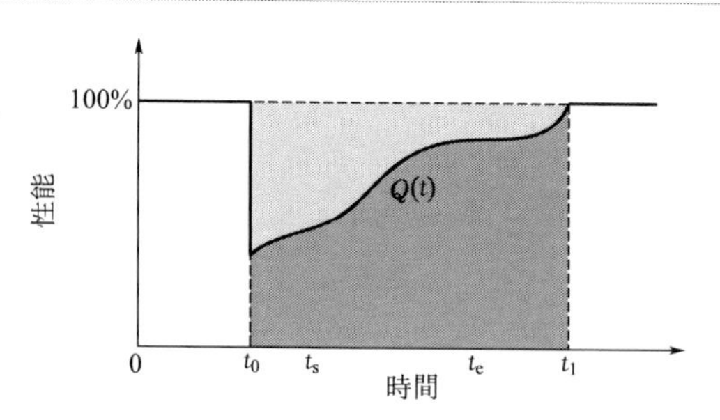

圖 1.3　基於性能積分比的彈性度量

（4）基於預測三角的彈性

考慮到不同系統的恢復時間不同，上述彈性度量很難對不同時間尺度下的系統彈性進行比較，同時為了減少對性能指標實時監測的依賴以便對系統彈性進行預測，Zobel（2011）[22] 提出了基於幾何關係的簡化算法，其採用一個長時間區間 T_u（性能函數的恢復時間絕對上限），記性能函數在恢復時間絕對上限（T_u）時間內的梯形面積與 T_u 之比為彈性預測值，即（圖 1.4）：

$$\mathbb{R}_Z = \frac{T_u \frac{Q_1 T}{2}}{T_u} \tag{1.4}$$

式中，T_u 為一個長時間段；Q_1 為預測的系統性能降級；T 為預測的恢復時長。該度量假設系統在擾動開始時刻 t_0 性能就會降低到最低點，且性能開始以恆定速度恢復，無論如何系統的恢復時間不會超過 T_u。Zobel（2011）[22] 給出的這一彈性度量實際就是對擾動發生後 T_u 內的平均殘餘性能進行度量。透過假設長時間區間 T_u，任意兩個系統的彈性基準一致，這使得不同的彈性計算結果有了比較基礎。針對連續擾動事件，Zobel 等（2014）[23] 又對該算法進行了擴展。

（5）基於 0～T 時間內性能積分比的彈性

Ouyang 等（2012 和 2015）[24,25] 也考慮到時間尺度的一致性問題，並對 MCEER 提出的彈性度量進行了改進，其將度量的時間區間從擾動

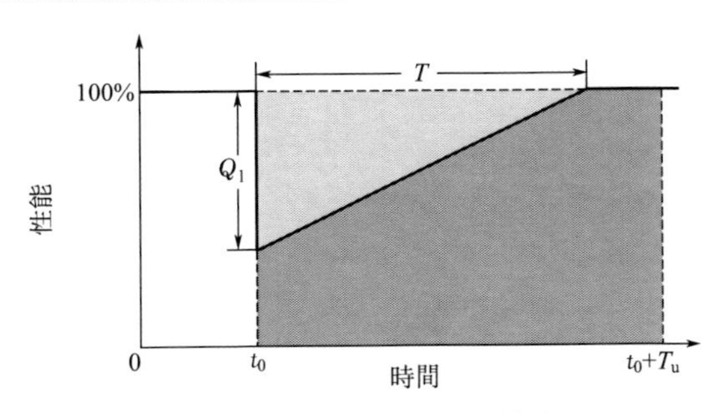

圖 1.4　基於預測三角的彈性度量

發生到性能恢復擴展到 0～T 這樣一個較長的時間範圍（如 1 年），即（圖 1.5）：

$$\mathbb{R}_{\mathrm{Ou}}=\frac{\int_0^T P(t)\mathrm{d}t}{\int_0^T TP(t)\mathrm{d}t} \tag{1.5}$$

式中，T 為度量的時間段，如 1 年；$P(t)$ 為實際性能參數隨時間 t 的變化情況；$TP(t)$ 為理想中性能參數的變化情況。這裡記錄的是從 0 到 T 這樣一個較長的時間範圍內，系統實際性能 $P(t)$ 隨時間的積分與系統目標性能 $TP(t)$ 隨時間的積分之比。與前述彈性度量相比，這一彈性度量不僅包括了擾動後的行為，還包括了擾動前的行為，同時還受到擾動發生頻率的影響，實際是系統可用性在性能維度的延伸。

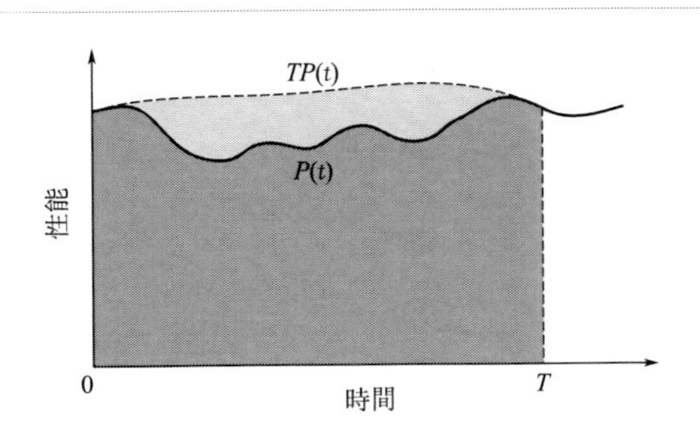

圖 1.5　基於 0～T 時間內性能積分比的彈性度量

(6) 基於時間函數的動態彈性

前述基於性能積分的系統彈性簡潔地反映了系統受擾動後的平均性能水準，但卻不能反映出系統受擾動後性能隨時間的動態變化情況。為此，Ramirez-Marquez 等（2012 和 2013）[26,27] 提出採用時間函數表徵系統彈性，定義為擾動後 t 時刻系統性能恢復的部分與系統初始時因擾動損失部分的比例，即（圖 1.6）：

$$\mathbb{R}_{\mathrm{RM}}(t)=\text{恢復程度}(t)/\text{損失程度} \tag{1.6}$$

該參數展現了彈性的動態特性，但只關注了系統恢復這一個維度的資訊。Ramirez-Marquez 等（2012 和 2013）[26,27] 將系統受擾動後的狀態分為兩個階段，第一階段系統在 t_0 時刻遭受擾動，導致性能下降到 t_{d} 時刻結束（t_{d} 時刻的性能降級最為嚴重），並持續到 t_{r}；第二階段系統在 t_{r} 時刻開始恢復，直到 t_{f} 時刻恢復完成。因此，上式也可以寫成：

$$\mathbb{R}_{\mathrm{RM}}(t)=\frac{Q(t)-Q(t_{\mathrm{d}})}{Q(t_0)-Q(t_{\mathrm{d}})} \tag{1.7}$$

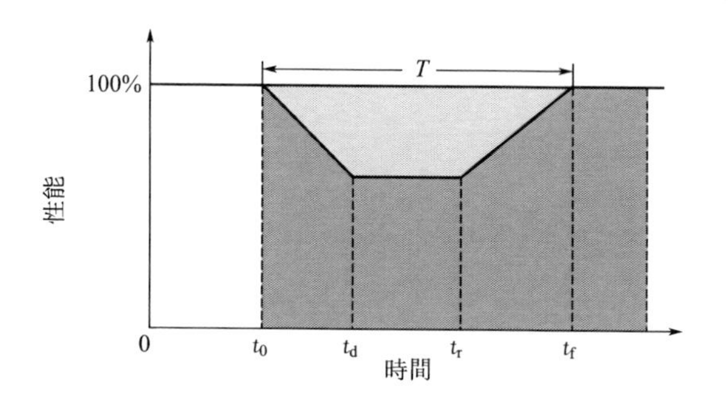

圖 1.6 基於時間函數的彈性度量

(7) 基於擾動前後性能比的彈性

Chen 和 Miller-Hooks（2012）[9] 提出了基於擾動前後性能比值的彈性指標來度量交通網的彈性：

$$\mathbb{R}_{\mathrm{CM}}=E\left(\frac{\sum_{w\in W} d_w}{\sum_{w\in W} D_w}\right)=\frac{1}{\sum_{w\in W} D_w}E\left(\sum_{w\in W} d_w\right) \tag{1.8}$$

式中，d_w 為交通網路中給定 OD 端對（其中「O」來源於英文 origin，指出行的出發地點；「D」來源於英文 destination，指出行的目的地）w 故障後能滿足的最大交通需求量；D_w 為給定 OD 端對 w 故障前能滿足的交通需求量；W 為該交通網路 OD 端對集合。

類似地，Omer 等（2009）[28] 用網路拓撲模型為電信網路系統建模，該文中定義彈性為受到干擾後網路的數據發送量與干擾前數據發送量之比：

$$\mathbb{R}_O=\frac{V-V_{loss}}{V} \tag{1.9}$$

式中，V 為網路數據發送量的初始值；V_{loss} 為網路數據發送量的損失值。這一彈性指標與Chen和Miller-Hooks（2012）[9] 的指標相似，都是用受干擾後的性能水準與正常性能水準之比表示彈性。

1.2.2 機率型度量

由於系統所經受的擾動、產生的性能降級和恢復時間都具有隨機性，用於描述單次擾動下系統彈性能力的確定型彈性度量本身具有隨機性，因此研究人員又提出了機率型度量。

（1）基於性能降級和恢復時間閾值的彈性

MCEER研究組在引入彈性三角的文獻［19］中就已經提到了對一組地震場景下基礎設施的性能降級和恢復時間進行評估，根據這兩個參數是否能滿足對應的閾值來對彈性進行機率評估，並稱之為彈性可靠度(resilience reliability)。Chang和Shinozuka（2004）[29] 進一步明確給出了這一度量表達，將彈性定義為系統受擾動後性能損失和恢復時間均不超過給定的最大性能損耗和恢復時間的機率，對給定擾動的彈性可度量如下：

$$\mathbb{R}_{CS}(Q_1^*,T^*)=\Pr(A\mid i)=\Pr(Q_1<Q^*\text{ 且 }T<T^*\mid i) \tag{1.10}$$

式中，A 為預定義的性能標準（即系統受擾動後性能損失和恢復時間均不超過給定的最大性能損耗和恢復時間）；i 為當前擾動；Q_1 和 Q^* 分別為實際的最大性能損耗和規定的最大性能損耗；T 和 T^* 分別為實際的系統性能恢復時間和規定的最大恢復時間（圖1.7）。同時還給出了隨機擾動下的系統彈性度量：

$$\mathbb{R}_{CS}=\sum_i \Pr(A\mid i)\Pr(i) \tag{1.11}$$

式中，$\Pr(i)$ 為擾動事件 i 的發生機率。此後，MCEER研究組(2007)[30] 又提出需要明確給定百分比的系統在給定時間內恢復到給定性能要求的機率，這較之前的彈性度量增加了恢復系統比例要求閾值，但沒有進一步給出表達式。

（2）基於安全域的彈性

類似地，Li和Lence（2007）[31] 根據系統性能能否滿足閾值要求定義了故障域和安全域，如圖1.8所示。圖1.8中，g 為性能參數，當 $g<$

0 時認為系統處於故障域；$g \geqslant 0$ 時認為系統處於安全域。Li 和 Lence 把彈性定義為在 t_0 時刻故障並在 t_1 時刻恢復的機率，即：

$$\mathbb{R}_{\mathrm{L}}(t_0, t_1) = \Pr[g(t_1) \geqslant 0 \mid g(t_0) < 0] \tag{1.12}$$

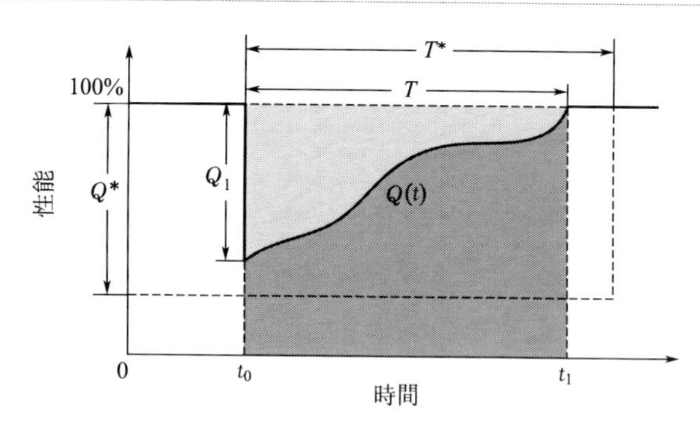

圖 1.7 基於性能降級和恢復時間閾值的彈性度量

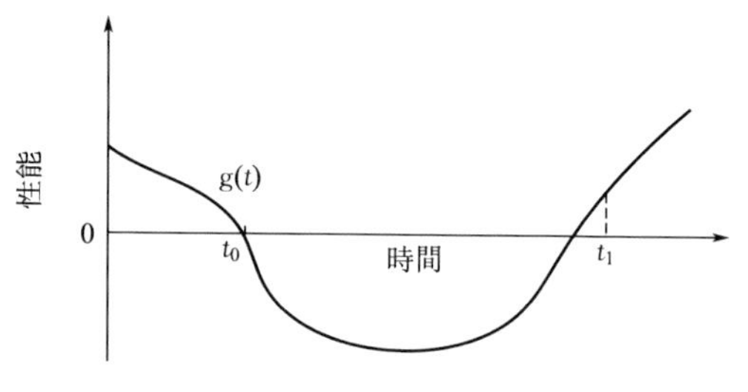

圖 1.8 基於安全域的彈性度量

這一度量實際只考慮了恢復時間能否滿足要求。

(3) 彈性期望

基於閾值要求的彈性機率度量只能反映性能降級、恢復時間點值對系統彈性的影響，忽略了整個系統恢復過程中系統性能隨時間的變化情況。為此，MCEER 研究組（2010）[20] 給出了考慮 6 種不確定因素條件(擾動強度、系統響應、性能閾值、性能度量、性能損失、恢復時間）下的系統彈性期望表達式：

$$E(\mathbb{R}_{\mathrm{C}}) = \sum_{T}^{N_T} \sum_{Q_1}^{N_{Q_1}} \sum_{PM}^{N_{PM}} \sum_{R}^{N_R} \sum_{I}^{N_{I^*}} \mathbb{R}_{\mathrm{C}i} P(T \mid Q_1) P(Q_1 \mid PM)$$

$$P(PM \mid R) P(R \mid I) P(I_{T_{\mathrm{LC}}} > I^*) \Delta I \Delta R \Delta PM \Delta Q_1 \Delta T \tag{1.13}$$

式中，$\mathbb{R}_{\mathrm{C}} = \int_{t_0}^{t_1} Q(t)\mathrm{d}t$，是給定擾動下系統從擾動時刻 t_0 開始到恢復

時刻 t_1 的殘餘性能積分；該式中包括了 6 個不確定性來源：①擾動強度 I；②響應參數 R；③性能閾值 $r_{\lim}$ [隱含在 $P(PM \mid R)$中]；④性能度量 PM；⑤性能損失 Q_1；⑥恢復時間 T。上式中的條件機率 $P(I_{T_{LC}}>I^*)$ 度量的是在系統控制時間 T_{LC} 內擾動強度超過閾值 I^* 的機率；$P(R \mid I)$ 反映了結構分析的不確定性和模型不確定性，$P(PM \mid R)$ 反映了性能極限狀態評估的不確定性；$P(Q_1 \mid PM)$ 反映了性能損失評估的不確定性；$P(T \mid Q_1)$ 反映了恢復時間的不確定性。

(4) 年度彈性期望

類似地，Ouyang 等 (2012 和 2015)[24,25] 也將其提出的「基於 0～T 時間內性能積分比的系統彈性」進行了機率化，給出了一年時間內系統彈性 $\mathbb{R}_{Ou}$ 的期望：

$$E(\mathbb{R}_{Ou})=E\left[\frac{\int_0^T P(t)\mathrm{d}t}{\int_0^T TP(t)\mathrm{d}t}\right] \tag{1.14}$$

這類彈性度量建立起了機率型度量和確定型度量之間的聯繫，但尚未見這類度量的機率分布形式的研究，僅有期望表達式。

1.3 彈性建模與分析

彈性建模和分析的主要目的是對系統從擾動發生到完全恢復的整個性能變化過程進行表徵，反映大量對系統性能造成影響的變數間的相互關係，模擬和了解系統彈性行為。

1.3.1 彈性模型

目前，彈性模型包含兩類：一是研究系統彈性與其他要素（如可靠性、魯棒性、脆弱性、恢復時間等）之間的關係；二是研究部件與系統彈性之間的關係。其中，前者的研究如：有些專家利用貝葉斯網路並基於系統彈性、可靠性和恢復時間的關係對工程系統進行彈性建模，貝葉斯網路透過對網路中因果關係的表示將系統變數彼此相關聯，從而給出更加透明的推理邏輯，根據該模型方法可對不同干擾事件下的不同場景進行調查從而發現導致彈性差的根本原因。後者的研究如：Nogal 等 (2016)[32]、Cardoso 等 (2014)[33]、Khaled 等 (2015)[34]、Adjetey-

Bahun 等（2016）[35] 都從不同的角度分析了系統中部件的重要度，並說明了對重要度高的部件進行保護，可以更有效地提高系統彈性，但上述模型沒有建立部件到系統的彈性解析模型。在現存的彈性建模研究中，只有少數研究考慮了部件彈性如何影響系統的彈性。例如：Li 和 Zhao（2010）[36] 利用具有自適應和自恢復能力的供應鏈部件間一系列的相互關係，發展了供應鏈彈性評估模型；Reed 等（2009）[21] 發現基礎設施系統的彈性是其子系統彈性的函數，即 $\mathbb{R}_S = g(\mathbb{R}_1, \mathbb{R}_2, \cdots, \mathbb{R}_n)$，但沒有討論具體的公式；Filippini 和 Silva（2014）[37] 將彈性定義為系統中活動節點的數量，透過將所有部件的狀態相加來計算系統彈性，由此建立了部件狀態與系統彈性之間的函數關係。然而，此函數表達的不是部件彈性與系統彈性的關係，其反映的系統性能函數僅為加和關係，當系統性能函數發生變化時，此關係式也不再適用。另外，Diao 等（2016）[38] 設計了一個全局彈性分析（GRA）框架，透過識別系統的故障模式、確定合適的故障情況、在增加的應力幅值下模擬故障模式的方法來評估工程系統的整體彈性。這裡給出了一個自底向上的彈性評估方法，但也沒有建立起部件彈性與系統彈性的關係。

總的來說，目前彈性研究尚處於起步階段，彈性模型的研究尚不多見。

1.3.2 彈性分析

系統彈性分析可以分為三類：一類是基於經驗總結的定性分析，透過對影響彈性的諸多因素，包括設計裕度、冗餘、拓撲等進行綜合分析，建立彈性評價的概念框架，給出類似彈性指數的評價結果；一類是基於主觀數據和數學模型的半定量方法，其在分析彈性影響因素後，透過問卷調查研究、評分等主觀方式給出各因素的評分，建立模糊數學模型對彈性進行綜合評價；最後一類是定量方法，首先建立系統的結構模型和彈性指標計算的數學模型，然後基於實際事件的數據或仿真方法得到的數據對彈性指標進行定量計算。

1.3.2.1 定性分析

彈性定性分析方法的思路一般是分析影響系統彈性的因素，在此基礎上建立評價框架，實現定性評價。典型的如：Cutter 等（2008）[39] 給出了系統彈性的 36 個影響要素，透過專家評分法對各個要素進行量化，以描述系統的彈性行為。桑迪亞國家實驗室（2011）[40] 在美國國土安全部科學和技術局的指導下設計了一個全面的彈性評價框架（包括定性和定量分析方法），用於評價基礎設施和經濟體系的彈性。其中定性分析中，透過使用吸收能力、適應能力和恢復能力三種基本的系統能力來分析系統彈性，為潛在改進提供見解和指導。Pettit 等（2013）[41] 針對供應鏈研究了影響其彈性的兩個關鍵的驅動因素：①供應鏈脆弱性等級；②供應鏈承受且從危機中恢復的能力。Pettit 等提出了 152 個問題來度量供應鏈的脆弱性和承受恢復的能力，然後將影響因素分為影響脆弱性的 7 個方面和影響承受恢復能力的 14 個方面，由決策者確定每一個因素的重要性，進而進行彈性綜合度量。Vlacheas 等（2013）[42] 認為端對端網路會受到安全、可信性、災難、互動衝突、攔截、變化、攻擊等方面的威脅，系統可以透過故障管理、風險管理、合作、控制、認知和自我管理、信任管理、完整性管理和安全保密性等方面實現系統彈性目標。此外，西安交通大學的邱愛慈院士與別朝紅教授的團隊也以彈性電網為應用背景，定性地討論了提升電力系統彈性的措施。

1.3.2.2 半定量方法

彈性的半定量評價方法是指透過定性評價獲取源數據，繼而使用數學模型定量計算。典型的如：Muller（2012）[43] 針對相互連接的關鍵基礎設施系統，採用模糊規則評價整個系統的彈性。文獻以冗餘和適應性作為影響基礎設施彈性的因素，將冗餘和適應性的評分值作為輸入，彈性作為輸出，比較兩種不同系統結構的彈性。但是文中的評價過程過於簡化，沒有解釋冗餘和適應性的值與系統結構的相關性。Azadeh 等（2014）[44] 針對石油化工廠用封包絡分析法（data envelopment analysis，DEA）計算其系統彈性，當生產過程中包含多個輸入和輸出時，用線性規劃計算多重決策單元的效率。Azadeh 等首先引入了 10 個表徵彈性的指標，即管理協調、報告、學習、意識、準備、靈活性、自組織、團隊合作、冗餘和容錯，然後透過問卷的方式獲取各單項指標的分數，再用 DEA 對這些指標進行綜合。此外，Azadeh 等（2014）[45] 還用模糊認知圖（fuzzy cognitive map，FCM）評價石油化工廠的彈性。其中，FCM 用於表示因素之間的相互作用關係，綜合評價採用加權的方式計算，透過與問卷結果相結合，可以增加各因素權重的準確性。

1.3.2.3 定量方法

彈性的定量評價方法通常是先獲取實際數據或仿真數據，再使用數學模型計算。下面分別從數據來源和分析方法上進行闡述。

(1) 數據來源

彈性分析的數據來源可以分為兩類：一類是已發生擾動的實證數據；另一類是基於擾動的統計模型。

① 實證數據　由於實證數據有限，目前主要的、基於實證數據的彈性研究大都圍繞 2005 年美國 Katrina 颶風和 2001 年美國世貿大廈「9・11」恐怖襲擊展開。典型的如 Reed 等 (2009)[21] 獲得了路易斯安那等 4 個州在 Katrina 颶風後一個半月時間內受停電影響的用户數，並從 Bell-South 獲得了颶風登陸後 20 天的通訊系統品質數據，透過數據擬合建立了颶風擾動後表徵電力系統和通訊系統彈性的性能函數，分析說明了該擾動下兩類系統彈性存在強相關性；也有專家根據「9・11」事件中電力系統的行為日誌和訪談記錄，得到了事件後半個月時間內的發電機恢復數量以及用電量的恢復情況，透過電力系統彈性行為分析，總結了各類措施的有效性。

基於實證數據的彈性分析是針對已發生擾動的系統彈性行為的「事後」分析，因此，這一研究是針對已發生擾動下系統彈性行為開展的，採用的度量方法是確定型彈性度量。

② 統計模型　彈性研究的是「擾動」引發的系統行為。顯然不同擾動類型、不同擾動強度、不同擾動作用點下，系統所反映出來的彈性行為是不同的。因此，前人圍繞不同擾動進行了彈性行為的機率建模，例如，西安交通大學別朝紅教授等 (2015)[5] 將電力網路的擾動事件總結為氣候災害、地震災害、資訊安全、物理安全、人為因素、內部原因等幾個方面。具體地，針對電力系統可能遭受的不同擾動，Zarakas 等 (2014)[46] 建立了基於風速大小和風暴等級的電力設施影響模型；Bruneau 等 (2003)[19]、Poljanšek 等 (2012)[47] 研究了地震的發生及其對電力設備的影響；張恆旭等 (2011)[48]、侯慧等 (2014)[49] 透過覆冰成長模型、冰災後果建模等說明了冰雪災害對電力系統的影響；Zhu 等 (2014)[50] 對各類人為事件特別是恐怖襲擊對電力系統破壞方面進行了深入的探討和分析。又如，針對交通系統可能遭受的擾動，Ramirez-Marquez 等 (2012)[26] 在對 Seervada 公園交通網路的彈性分析中，考慮了岩石滑坡和洪水兩個典型擾動。針對城市基礎設施系統，華中科技大學 Ouyang 等 (2015)[25] 採用卜瓦松過程對颶風和隨機故障兩種擾動類型進行了建模等。

基於統計模型的彈性分析是對系統未來可能發生擾動帶來的彈性行為的「預測」，這一研究中對具體擾動的影響分析主要是針對自然災害類擾動展開的。

(2) 分析方法

① 解析方法 1.2.1節中源於實證數據的確定型彈性分析，都是透過解析的方式進行的。此外，採用解析方法的彈性研究還包括如：Li和Lence (2007)[31] 提出了用向量自迴歸移動平均法(VARMA)和一階可靠性法(FORM)對系統滿足恢復時間閾值的機率進行分析。Attoh-Okine等(2009)[51] 提出採用信任函數的方法解決彈性評估中的不確定性，對城市基礎設施系統基於恢復時間的彈性進行分析。Cimellaro等(2010)[20] 總結了三類典型的系統性能恢復函數(即線性函數、指數函數、三角函數)，構建了系統性能的非線性微分方程和系統響應脆性函數，透過分析比較了孟菲斯地震後不同恢復策略下醫院系統的彈性直方圖和彈性期望。Nogal等(2016)[32] 針對交通網路動態特性提出了一種考慮交通成本和行人壓力等級的動態均衡限制分配模型，從而對網路彈性進行評估，實現對不同系統的比較，衡量損壞程度，以及發現交通網中的薄弱點。Cardoso等(2014)[33] 提出了一種混合的線性模型來設計正向和閉環供應鏈。該模型考慮了兩種情形：干擾確定發生；干擾發生與機率有關。設計彈性網路的模型中考慮了六個指標，包括流量和節點複雜度、節點密度和重要性、客户服務水準和投資。Khaled等(2015)[34] 提出了一種用於評估鐵路基礎設施組成部件重要性的數學模型，其透過對部件中斷時增加的延遲來評估部件的重要性，對關鍵部件進行優先保護或增加必要的冗餘，從而提高鐵路網彈性。

總的來說，目前基於解析方法的彈性分析可分為兩類：一類是基於實證數據、彈性度量模型的統計分析；另一類是在對擾動、性能降級以及恢復時間的機率建模基礎上對系統彈性的分析計算。

② 仿真分析 由於彈性分析所需的實證數據難以獲取，以及解析建模的複雜性，很多彈性分析都是透過仿真展開的。例如，Chang和Shinozuka (2004)[29] 指出彈性與技術、組織、社會、經濟四個維度有關，透過對孟菲斯地震後水資源系統進行200次蒙特卡羅仿真模擬芮氏6.5級和芮氏7.0級的地震擾動及其帶來的損壞(包括供水中斷、水流量與經濟損失)和恢復過程，根據地震後可用泵站數量、失去供水人數、經濟損失三項指標，對地震擾動下水資源系統性能降級和恢復時間閾值滿足要求的機率進行了度量。Sterbenz等(2010)[7] 定義互聯網彈性為網路遭受大規模災難時提供所需服務水準的能力，並提出了一種綜合拓撲生成和彈性仿真的方法來分析並提高互聯網的彈性。Ramirez-Marquez等(2012)[26] 在路網中針對最短路徑、最大流、路網健康程度(能用路段的長度與總路段長度之比)三類性能，分析了岩石滑坡和洪水兩類給定

擾動下的路網彈性行為，並對比分析了兩種恢復策略下的路網恢復過程。Spiegler 等（2012）[52] 提出一種針對供應鏈的彈性動態仿真方法，其認為準備工作、響應能力和恢復能力是彈性的關鍵要素，採用時間乘以絕對誤差積分（integrated time absolute error，ITAE）作彈性的度量基礎，仿真模型嘗試獲得對應於最佳響應和恢復的 ITAE 最小值，代表與目標的偏差最小。Carvalho 等（2012）[53] 應用離散事件仿真來評估供應鏈網路彈性，其透過保留額外的庫存來抵禦擾動，作者使用該仿真模型對 6 個不同的場景進行了研究。華中科技大學 Ouyang 等（2012）[24] 提出了多階段彈性分析方法，並為每個階段提供了彈性改進策略，以 Harris County 電力系統為例採用卜瓦松過程對颶風和隨機故障兩種擾動類型建模，透過 500 次仿真對 6 種彈性提高方式的彈性期望進行了對比分析，又在文獻［25］中透過 200～1000 次仿真詳細討論了 5 種不同恢復策略對颶風後 Harris County 相互作用的電力系統和燃氣系統的彈性影響。美國能源部 2015 年對能源網路系統提出了彈性分析框架，透過定義系統彈性目標、定義擾動事件、建模評估擾動程度和後果來實現對能源網路的彈性分析，在電力系統可能遭受的颶風、地震、恐怖襲擊三類擾動中，仿真分析了 100 次颶風擾動下的系統彈性行為，得到了基於經濟損失的系統彈性直方圖，此外還對新馬德里地區地震後重新修建輸油管道的恢復行為進行了 30 次仿真分析，計算了基於燃油費用的系統彈性直方圖。上述研究是以系統為整體，討論面向系統的擾動（大多數研究某種給定擾動）可能對系統帶來的性能降級和恢復行為。Adjetey-Bahun 等（2016）[35] 提出一個基於仿真的模型來量化鐵路運輸系統彈性，模型將乘客延誤和流量作為系統的關鍵性能指標，仿真考察一系列導致行駛時間增加和列車運力降低的破壞事件下系統的彈性行為。該模型模擬了鐵路運行系統的操作環境，同時集成了組成該系統的所有子系統（車站、軌道、列車和乘客及他們間的互動，電力系統及對其他子系統的相互作用，通訊和組織系統）以及各子系統間的相互依賴關係。

考慮到對部件的擾動也可能對系統產生影響，也有個別研究在這個方面進行了討論，如 Barker 等（2013）[27] 定義了兩種部件重要性指標，採用 1000 次離散事件仿真對服從均勻分布的部件恢復時間進行了模擬，實現了以最大流（運輸量）為性能參數的網路部件彈性重要性分析，但其部件只有完全損毀和正常（完全恢復）兩種狀態；Shafieezadeh 和 Burden（2014）[54] 將系統彈性評估分解為擾動事件嚴重程度、部件維修需求、動態使用模型、隨機服務需求、系統恢復計劃等幾個部分，透過 1000 次仿真實現了對兩個給定地震擾動下的基於可用起重機數量和泊位長度的港口機率型彈性分析，這一研究也考慮了組成系統的部件性能，但對部件僅考慮了正常和故障兩種狀態。對網路對象，也有研究者也從拓撲結構、動力學、故障機理三個角度，透過組件在攻擊過程中的損失大小[55,56] 或滲透閾值[57,58] 反映網路在節點或鏈路故障之後保持功能的能力，典型的研究如Majdandzic 等（2016）[59] 對考慮節點恢復行為的網路彈性研究，其用平均場理論近似建立了解析統計模型，並用仿真進行了近似，該研究以最小連通子圖為性能特徵進行網路彈性行為分析，對節點的狀態建模採用的是二態性模型。上述研究討論了部件遭遇擾動可能導致的系統彈性行為，對部件狀態的描述大都假設部件要麼正常要麼損毀（呈二態性）。

參考文獻

[1] Youn B D，Hu C，Wang P，et al. Resilience-driven system design of complex engineered systems[J]. Journal of Mechanical Design，2011，133 (10)：101011.

[2] Madni A M，Jackson S. Towards a conceptual framework for resilience engineering [J] . IEEE Systems Journal，2009，3 (2)：181-191.

[3] Berkeley A R，Wallace M. A framework for establishing critical infrastructure resilience goals[J]. Final Report and Recommendations by the Council; National Infrastructure Advisory Council：Washington，DC，USA，2010.

[4] Coaffee J. Risk，resilience，and environmentally sustainable cities[J]. Energy Policy，2008，36 (12)：4633-4638.

[5] 別朝紅，林雁翎，邱愛慈．彈性電網及其恢復力的基本概念與研究展望[J]. 電力系統自動化，2015，39 (22)：1-9.

[6] Arghandeh R，von Meier A，Mehrmanesh L，et al. On the definition of cyber-physical resilience in power systems[J]. Renewable and Sustainable Energy Reviews，2016，58：1060-1069.

[7] Sterbenz J P G，Hutchison D，Çetinkaya E K，et al. Resilience and survivability in communication networks：Strategies，principles，and survey of disciplines [J]. Computer Networks，2010，54 (8)：1245-1265.

[8] Sterbenz J P G，Çetinkaya E K，Hameed M A，et al. Evaluation of network resilience，survivability，and disruption tolerance：analysis，topology generation，simulation，and experimentation [J]. Telecommunication systems，2013，52 (2)：705-736.

[9] Chen L，Miller-Hooks E. Resilience：an indicator of recovery capability in intermodal freight transport[J]. Transportation Science，2012，46 (1)：109-123.

[10] Mattsson L G，Jenelius E. Vulnerability and resilience of transport systems-a discussion of recent research[J]. Transportation Research Part A：Policy and

Practice, 2015, 81: 16-34.

[11] Dinh L T T, Pasman H, Gao X, et al. Resilience engineering of industrial processes: principles and contributing factors[J]. Journal of Loss Prevention in the Process Industries, 2012, 25 (2): 233-241.

[12] Christopher M, Peck H. Building the resilient supply chain[J]. The International Journal of Logistics Management, 2004, 15 (2): 1-13.

[13] Sheffi Y, Rice J B. A supply chain view of the resilient enterprise[J]. MIT Sloan Management Review, 2005, 47 (1): 41-48.

[14] Ponomarov Y S, Holcomb M C. Understanding the concept of supply chain resilience[J]. The International Journal of Logistics Management, 2009, 20 (1): 124-143.

[15] Hohenstein N O, Feisel E, Hartmann E, et al. Research on the phenomenon of supply chain resilience: a systematic review and paths for further investigation[J]. International Journal of Physical Distribution & Logistics Management, 2015, 45 (1/2): 90-117.

[16] Righi A W, Saurin T A, Wachs P. A systematic literature review of resilience engineering: research areas and a research agenda proposal[J]. Reliability Engineering & System Safety, 2015, 141: 142-152.

[17] Hosseini S, Barker K, Ramirez-Marquez J E. A review of definitions and measures of system resilience[J]. Reliability Engineering & System Safety, 2016, 145: 47-61.

[18] Jin C, Li R, Kang R. Analysis and comparison of three measures for system resilience[C]. European Safety and Reliability Conference, Glasgow, UK, 2016.

[19] Bruneau M, Chang S E, Eguchi R T, et al. A framework to quantitatively assess and enhance the seismic resilience of communities[J]. Earthquake Spectra, 2003, 19 (4): 733-752.

[20] Cimellaro G P, Reinhorn A M, Bruneau M. Seismic resilience of a hospital system [J]. Structure and Infrastructure Engineering, 2010, 6 (1-2): 127-144.

[21] Reed D A, Kapur K C, Christie R D. Methodology for assessing the resilience of networked infrastructure [J]. IEEE Systems Journal, 2009, 3 (2): 174-180.

[22] Zobel C W. Representing perceived tradeoffs in defining disaster resilience[J]. Decision Support Systems, 2011, 50 (2): 394-403.

[23] Zobel C W, Khansa L. Characterizing multi-event disaster resilience[J]. Computers & Operations Research, 2014, 42: 83-94.

[24] Ouyang M, Dueñas-Osorio L, Min X. A three-stage resilience analysis framework for urban infrastructure systems [J]. Structural Safety, 2012, 36: 23-31.

[25] Ouyang M, Wang Z. Resilience assessment of interdependent infrastructure systems-with a focus on joint restoration modeling and analysis[J]. Reliability Engineering & System Safety, 2015, 141: 74-82.

[26] Henry D, Ramirez-Marquez J E. Generic metrics and quantitative approaches for system resilience as a function of time[J]. Reliability Engineering & System Safety, 2012, 99: 114-122.

[27] Barker K, Ramirez-Marquez J E, Rocco C M. Resilience-based network component importance measures [J]. Reliability Engineering & System Safety, 2013, 117: 89-97.

[28] Omer M, Nilchiani R, Mostashari A. Measuring the resilience of the trans-oceanic telecommunication cable system [J]. IEEE Systems Journal, 2009, 3 (3): 295-303.

[29] Chang S E, Shinozuka M. Measuring improvements in the disaster resilience of communities [J]. Earthquake Spectra, 2004, 20 (3): 739-755.

[30] Bruneau M, Reinhorn A. Exploring the Concept of Seismic Resilience for Acute Care Facilities [J]. Earthquake Spectra, 2007, 23 (1): 41-62.

[31] Li Y, Lence B J. Estimating resilience of water resources systems [J]. Water Resource Research, 2007, 43 (7): 1-11.

[32] Nogal M, O'Connor A, Caulfield B, et al. Resilience of traffic networks: from perturbation to recovery via a dynamic restricted equilibrium model[J]. Reliability Engineering & System Safety, 2016, 156: 84-96.

[33] Cardoso S R, Barbosa-Póvoas A P F D, Relvas S, et al. Resilience assessment of supply chains under different types of disruption [J]. Computer Aided Chemical Engineering, 2014, 34: 759-764.

[34] Khaled A A, Jin M, Clarke D B, et al. Train design and routing optimization for evaluating criticality of freight railroad infrastructures [J]. Transportation Research Part B: Methodological, 2015, 71: 71-84.

[35] Adjetey-Bahun K, Birregah B, Châtelet E, et al. A model to quantify the resilience of mass railway transportation systems[J]. Reliability Engineering & System Safety, 2016, 153: 1-14.

[36] Li Y, Zhao L. Analyzing deformation of supply chain resilient system based on cell resilience model [M]//Life system modeling and intelligent computing. Berlin, Heidelberg: Springer, 2010: 26-35.

[37] Filippini R, Silva A. A modeling framework for the resilience analysis of networked systems-of-systems based on functional dependencies [J]. Reliability Engineering & System Safety, 2014, 125: 82-91.

[38] Diao K, Sweetapple C, Farmani R, et al. Global resilience analysis of water distribution systems [J]. Water Research, 2016, 106: 383-393.

[39] Cutter S L, Barnes L, Berry M, et al. A place-based model for understanding community resilience to natural disasters[J]. Global Environmental Change, 2008, 18 (4): 598-606.

[40] Vugrin E D, Warren D E, Ehlen M A. A resilience assessment framework for infrastructure and economic systems: quantitative and qualitative resilience analysis of petrochemical supply chains to a hurricane [J]. Process Safety Progress, 2011, 30 (3): 280-290.

[41] Pettit T J, Croxton K L, Fiksel J. Ensuring supply chain resilience: development and implementation of an assessment tool[J]. Journal of business logistics, 2013, 34 (1): 46-76.

[42] Vlacheas P, Stavroulaki V, Demestichas P, et al. Towards end-to-end network resilience [J]. International Journal of Critical Infrastructure Protection, 2013, 6 (3-4): 159-178.

[43] Muller G. Fuzzy architecture assessment for critical infrastructure resilience[J]. Procedia Computer Science, 2012, 12: 367-372.

[44] Azadeh A, Salehi V, Ashjari B, et al. Performance evaluation of integrated resilience engineering factors by data

envelopment analysis: The case of a petrochemical plant[J]. Process Safety and Environmental Protection, 2014, 92 (3): 231-241.

[45] Azadeh A, Salehi V, Arvan M, et al. Assessment of resilience engineering factors in high-risk environments by fuzzy cognitive maps: a petrochemical plant [J]. Safety Science, 2014, 68: 99-107.

[46] Zarakas W P, Sergici S, Bishop H, et al. Utility investments in resiliency: balancing benefits with cost in an uncertain environment [J]. The Electricity Journal, 2014, 27 (5): 31-41.

[47] Poljanšek K, Bono F, Gutiérrez E. Seismic risk assessment of interdependent critical infrastructure systems: the case of European gas and electricity networks[J]. Earthquake Engineering & Structural Dynamics, 2012, 41 (1): 61-79.

[48] 張恆旭，劉玉田．極端冰雪災害對電力系統運行影響的綜合評估[J]. 中國電機工程學報，2011, 31 (10): 52-58.

[49] 侯慧，李元晟，楊小玲，等．冰雪災害下的電力系統安全風險評估綜述[J]. 武漢大學學報（工學版），2014, 47 (3): 414-419.

[50] Zhu Y, Yan J, Tang Y, et al. Resilience analysis of power grids under the sequential attack[J]. IEEE Transactions on Information Forensics and Security, 2014, 9 (12): 2340-2354.

[51] Attoh-Okine N O, Cooper A T, Mensah S A. Formulation of resilience index of urban infrastructure using belief functions [J]. IEEE Systems Journal, 2009, 3 (2): 147-153.

[52] Spiegler V L M, Naim M M, Wikner J. A control engineering approach to the assessment of supply chain resilience[J]. International Journal of Production Research, 2012, 50 (21): 6162-6187.

[53] Carvalho H, Barroso A P, Machado V H, et al. Supply chain redesign for resilience using simulation[J]. Computers & Industrial Engineering, 2012, 62 (1): 329-341.

[54] Shafieezadeh A, Burden L I. Scenario-based resilience assessment framework for critical infrastructure systems: case study for seismic resilience of seaports [J]. Reliability Engineering & System Safety, 2014, 132: 207-219.

[55] Schneider C M, Moreira A A, Andrade J S, et al. Mitigation of malicious attacks on networks [J]. Proceedings of the National Academy of Sciences, 2011, 108 (10): 3838-3841.

[56] Herrmann H J, Schneider C M, Moreira A A, et al. Onion-like network topology enhances robustness against malicious attacks [J]. Journal of Statistical Mechanics: Theory and Experiment, 2011, 2011 (1): P01027.

[57] Bunde A, Havlin S. Fractals and Disordered Systems [M]. Springer: New York, NY, USA, 2012.

[58] Gao J, Buldyrev S V, Stanley H E, et al. Networks formed from interdependent networks [J]. Nature physics, 2012, 8 (1): 40-48.

[59] Majdandzic A, Braunstein L A, Curme C, et al. Multiple tipping points and optimal repairing in interacting networks[J]. Nature communications, 2016, 7: 10850.

第2章

基於性能函數的系統彈性模型

2.1 研究背景

系統可能遭受各種外部擾動和系統性擾動，為了應對如此多的大規模意外事件，彈性分析成為了大型複雜基礎設施系統的最佳決策[1]，同時也可作為對於複雜系統適應管理具有重要意義的風險管理分析的補充[2]。彈性建模的主要目的是根據擾動發生後系統的整個性能變化，研究部件彈性行為對系統彈性行為的影響，也可作為系統彈性評估的依據。本書 1.3 節闡述了系統彈性模型和分析的研究現狀，從中可以看出，目前的彈性建模分析幾乎都是研究系統層面的擾動以及系統整體對擾動的響應/恢復過程，很少討論部件和系統間彈性的相互聯繫和相互作用。然而，透過系統的組成和結構來研究系統，是認識、分析系統彈性的重要方法。

部件和結構定義了系統，系統性能函數 $\phi(P^n \to \boldsymbol{P})$ 反映了系統狀態 P 與組成系統的 n 個部件狀態矢量 $\boldsymbol{P}=[P_1, P_2, \cdots, P_n]$的關係，因此，基於性能的系統彈性由其部件彈性和系統性能函數共同決定。「自上而下」的系統分析和「自下而上」的系統綜合是重要的系統方法論，為了解決現在缺少基於系統組成和結構的彈性模型的問題，本章以「最大流」這一性能指標為例針對串聯、並聯和網路三種典型的系統結構，透過研究系統性能函數以及仿真來建立系統彈性模型，並進行系統彈性分析[3]。「部件→系統」彈性模型的建立，一方面可用於自頂向下地將系統級的彈性指標和工作要求分解到子系統、部件；另一方面也可用於根據部件的彈性度量結果自底向上地實現對系統彈性的分析與評價。

2.2 問題描述

通常，擾動可能發生在系統的任一部件。部件一旦受到擾動就可能會產生一定程度的性能降級，這種性能損失甚至會傳播到系統。顯然，在部件受到相同擾動的情況下，不同結構的系統由於性能函數不同，可能會產生不同的性能表現，從而反映出不同的系統彈性。同時，關鍵性能指標的選取也直接影響系統性能函數，例如，對串聯系統而言，性能指標「最大流」由其所有部件的最小容量決定，「傳輸延遲」是透過將所有部件的延遲相加計算得來的，而「誤碼率」則是透過將所有部件的誤差率相乘得到的。

作為系統最具代表性的指標之一，本章以「最大流」為例，對串聯、並聯和網路結構進行系統彈性建模與分析。我們將系統受到擾動後的性能下降程度和恢復時間看作是典型的隨機行為。為了討論部件彈性如何影響系統彈性，本章考慮了以下假設。

a. 擾動不連續作用，即系統遭受擾動後到性能完全恢復前，不會遭遇第二次擾動事件。

b. 擾動獨立性，即每次擾動隻影響組成系統的一個部件，對其他部件無影響。記第 i 個部件遭受擾動的機率為 q_i。

c. 部件性能降級服從離散分布。記第 i 個部件的初始容量為 C_i，容量可能降級為 $C_{i,1}$，$C_{i,2}$，…，C_{i,m_i}，並且每個值的機率為 $p_{i,k}=P\{C_i^*=C_{i,k}\}$，其中 C_i^* 是性能下降後的容量。

d. 部件的恢復時間服從對數正態分布。記第 i 個部件的恢復時間 $t_i \sim \ln N(\mu_i, \sigma_i^2)$。

其中，假設 a 是為了簡化研究的問題，這也是彈性分析中常用的假設，如 Zobel (2011)[4]。假設 b 是在系統可靠性分析中常用的假設[5-7]，其假設部件間的故障是獨立的，不存在共因故障。在本章，我們假設擾動是獨立的，不存在一個擾動影響多個部件的可能。假設 c 採用離散分布反映部件容量降級，這是因為隨機流網路中部件的容量通常被假設遵循一個離散分布[8,9]。考慮到部件的恢復時間在很大程度上受到人員、設備、備件調配情況的影響，大多數情況下等待這些資源所耗費的時間要比修復過程本身所用的時間長得多。如 Zobel (2011)[4] 也指出資源能否被快速調用很大程度上影響了系統的恢復時間。因此，在本章我們假設部件的恢復時間與擾動嚴重程度、性能降級程度無關。該假設已廣泛應用到彈性分析中，例如，Ouyang 等 (2012)[10] 在城市基礎設施的多階段彈性分析框架研究中假設恢復時間滿足均勻分布和指數分布；Barker 等 (2013)[11] 和 Baroud 等 (2014)[12] 在基於彈性的部件重要度研究中，假設鏈路恢復時間在給定的時間間隔內服從均勻分布。上述研究中，部件恢復時間均被假設為獨立變數。假設 d 選擇對數正態分布對部件恢復時間進行描述，這是因為對數正態分布是系統修復時間中最廣泛使用的分布[13-15]，同時根據文獻 [16]、[17] 的分析，交通事故的持續時間（包括事件檢測和恢復時間）也服從對數正態分布。

2.3 彈性度量

本章採用 Zobel (2011)[4] 的彈性度量構建系統彈性模型。在 Zobel (2011)[4] 的彈性度量中，考慮到系統設計過程中無法確定其遭遇擾動後的系統性能變化過程，其假設系統在 t_0 時刻遭遇擾動行為後，性能會直接降級到 Q_1，並以恆定速率恢復，記恢復時間為 T，如圖 2.1 所示。由此，可以透過歸一化性能損失 Q_1 和恢復時間 T 來確定系統在擾動後的彈性：

$$\mathbb{R}_Z = \frac{T_u - \dfrac{Q_1 T}{2}}{T_u} \tag{2.1}$$

式中，T_u 為 T 的可能值集合中的嚴格上界，系統遭受的任何擾動行為均可在 T_u 時間內恢復。可以看出，三角形的面積是系統在特定擾動之後遭受的時變損失量，並且彈性為系統遭受擾動後時間間隔 T_u 內的平均性能。

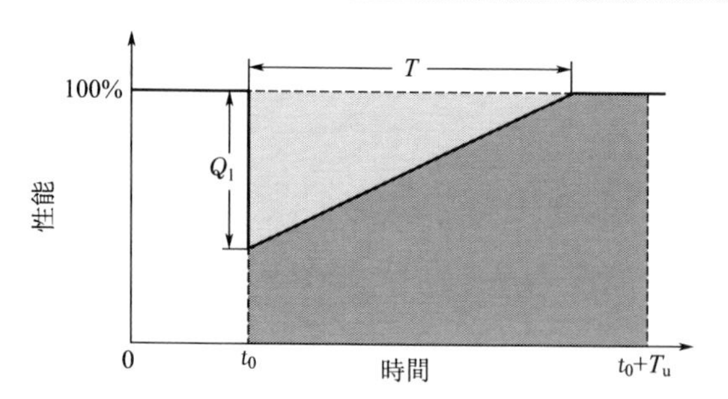

圖 2.1　基於彈性三角的彈性度量（參考圖 1.4）

本章考慮的部件關鍵性能參數為容量，系統關鍵性能參數為最大流，二者均為望大型參數（即參數值越大越好），因此可以將部件的當前容量（或系統最大流）除以其初始值，從而實現性能歸一化。考慮容量的部件 i 的彈性可計算為

$$\mathbb{R}_i = 1 - \frac{\left(1 - \dfrac{C_i^*}{C_i}\right) t_i}{2T_u} = 1 - \frac{(C_i - C_i^*) t_i}{2C_i T_u} \tag{2.2}$$

根據 2.2 節中假設 c、d，部件容量降級服從離散分布，恢復時間服從對數正態分布。因此，部件 i 的基於容量的期望彈性可以計算為

$$\overline{\mathbb{R}}=E(\mathbb{R}_i)=1-\frac{e^{\mu_i+\frac{1}{2}\sigma_i^2}\left[1-\frac{\sum_{k=1}^{m_i}(p_{i,k}C_{i,k})}{C_i}\right]}{2T_\mathrm{u}}=1-\frac{e^{\mu_i+\frac{1}{2}\sigma_i^2}\left[C_i-\sum_{k=1}^{m_i}(p_{i,k}C_{i,k})\right]}{2C_iT_\mathrm{u}} \tag{2.3}$$

式中，$E(\mathbb{R}_i)$ 為部件 i 的彈性期望值。

2.4 串聯與並聯系統的彈性建模與分析

下面分別以串聯和並聯結構為例建立系統彈性模型。串聯和並聯結構簡單，易於建立彈性解析模型。串聯和並聯結構在實際中有著廣泛的應用。例如，網路在虛擬鏈路上的端到端數據傳輸是典型的串聯連接，擁有多個供應商和一個製造商的雙層供應鏈網路可以被認為是並聯網路。

2.4.1 串聯系統彈性建模

如圖 2.2 所示，對於由 n 個部件串聯組成的系統，系統最大流等於其所有部件容量的最小值。串聯系統的初始最大流 C_S 由部件的容量決定，即 $C_\mathrm{S}=\min\limits_{i=1,2,\cdots,n}\{C_i\}$。當部件 j 受到擾動時，其容量下降到 C_j^*。擾動後的系統最大流可以計算為 $\min\limits_{i\neq j}\{C_i,C_j^*\}$。顯然，對於串聯系統，部件容量的降低並不總是引起系統最大流的下降，這反映了系統可以承受一定的擾動。只有當系統中任一部件的容量下降到低於初始系統最大流 C_S 時，系統最大流才會下降。這種情況下，只要降級部件的容量恢復到 C_S，系統性能就會恢復到正常水準。透過圖 2.3 所示的相似三角形原理，可以計算部件 j 受擾動後串聯系統最大流性能恢復時間（從擾動發生時刻到系統最大流恢復時刻）為：

$$t_{\mathrm{S},j}=\frac{C_\mathrm{S}-C_j^*}{C_j-C_j^*}t_j, C_j^*<C_\mathrm{S} \tag{2.4}$$

式中，t_j 為受擾動部件 j 的恢復時間。由此，由部件 j 性能降級引起的串聯系統彈性可計算為

$$\mathbb{R}_{S,j}=1-\frac{\left(1-\frac{C_j^*}{C_S}\right)t_{S,j}}{2T_u}=1-\frac{(C_S-C_j^*)^2t_j}{2C_S(C_j-C_j^*)T_u},C_j^*<C_S \quad (2.5)$$

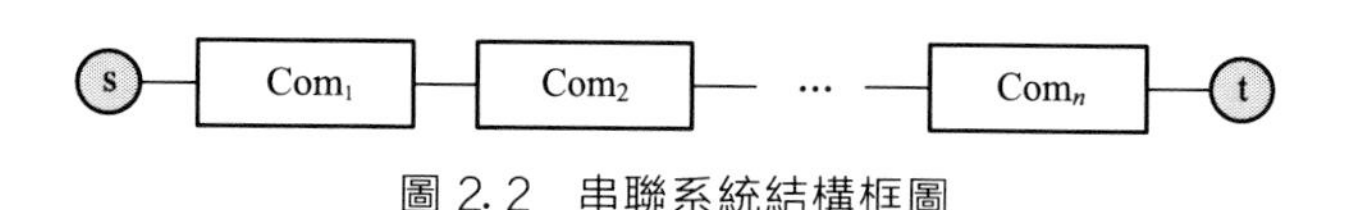

圖 2. 2　串聯系統結構框圖

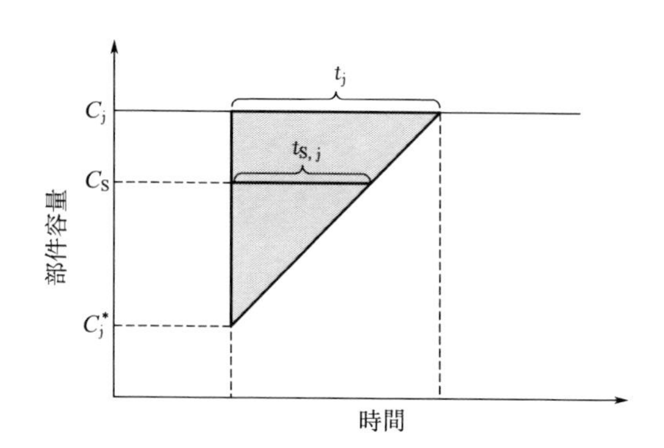

圖 2. 3　基於相似三角形的串聯系統恢復時間計算

在 n 部件組成的串聯結構系統中，假設第 i 個部件受到擾動的機率為 q_i，可得基於最大流的系統彈性期望為

$$E(\mathbb{R}_S)=\sum_{i=1}^{n}q_iE(\mathbb{R}_{S,i})=1-\frac{\sum_{i=1}^{n}q_i\left[\sum_{\text{if}C_{i,h}<C_S}p_{i,h}\frac{(C_S-C_{i,h})^2}{C_i-C_{i,h}}\right]e^{\mu_i+\frac{1}{2}\sigma_i^2}}{2C_ST_u} \quad (2.6)$$

2.4.2 並聯系統彈性建模

如圖 2.4 所示，對於由 n 個部件並聯組成的系統，系統最大流等於各部件容量之和。並聯系統的初始最大流 C_P 可計算為 $C_P=\sum_{i=1}^{n}C_i$。當部件 j 受到擾動時，其容量下降到 C_j^*。擾動後的系統最大流可以計算為 $C_j^*+\sum_{i\neq j}C_i$。顯然，在並聯系統中，任何部件的容量降低都會導致系統最大流的下降，同時也只有當降級部件容量完全恢復時，系統的性能才能恢復到初始水準。由於系統的恢復時間等於受擾動部件的恢復時間，因此部件 j 受擾動情況下的並聯系統彈性可以計算為

$$\mathbb{R}_{\mathrm{P},j}=1-\frac{\left(1-\dfrac{C_j^{*}+\sum\limits_{i\neq j}^{n}C_i}{C_{\mathrm{P}}}\right)t_j}{2T_{\mathrm{u}}}=1-\frac{(C_j-C_j^{*})t_j}{2C_{\mathrm{P}}T_{\mathrm{u}}} \tag{2.7}$$

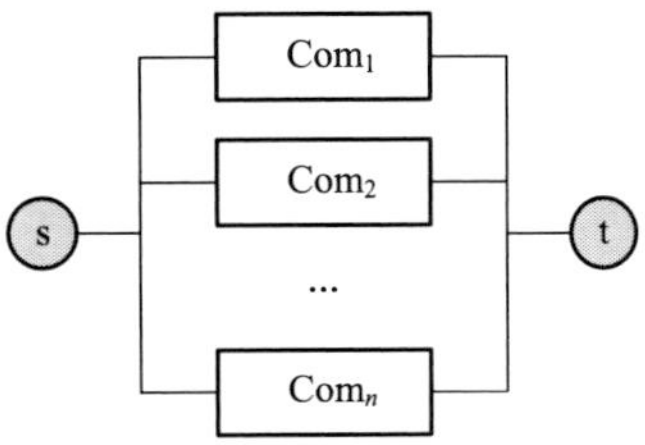

圖 2.4 並聯系統結構框圖

在 n 個部件組成的並聯結構系統中，假設第 i 個部件受到擾動的機率為 q_i，可得基於最大流的系統彈性期望為

$$E(\mathbb{R}_{\mathrm{P}})=\sum_{i=1}^{n}q_iE(\mathbb{R}_{\mathrm{P},i})=1-\frac{\sum\limits_{i=1}^{n}q_i\left[C_i-\sum\limits_{k=1}^{m_i}(p_{i,k}C_{i,k})\right]\mathrm{e}^{\mu_i+\frac{1}{2}\sigma_i^2}}{2C_{\mathrm{P}}T_{\mathrm{u}}} \tag{2.8}$$

2.4.3 串聯與並聯系統彈性分析

(1) 案例說明

為了說明 2.4.1 節和 2.4.2 節彈性解析模型的應用，這裡我們以兩個包含 4 個部件的串聯和並聯系統（圖 2.5）為例分別建立系統彈性模型。

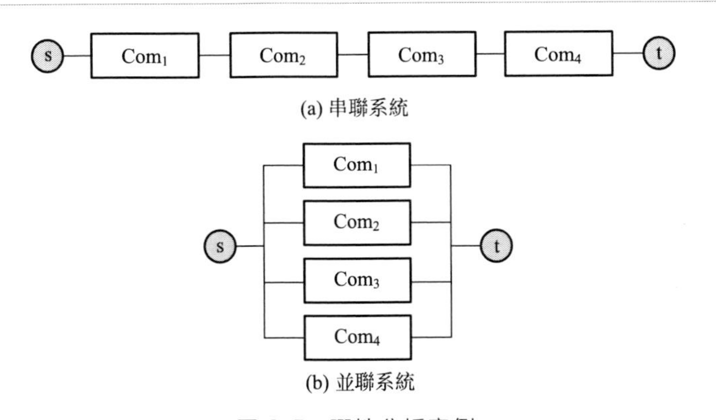

圖 2.5 彈性分析案例

系統中部件參數如表 2.1 所示（含初始容量、受擾動機率、可能的容量降級分布、恢復時間分布），其中部件的容量降級和恢復時間分別服

從離散分布和對數正態分布。假定系統的恢復時間的嚴格上限 T_u 為 20 個時間單位。

表 2.1 串聯並聯系統部件參數

部件	初始容量	受擾動機率	可能的容量降級分布		恢復時間分布
			剩餘容量	機率	
Com_1	4	0.4	0	0.1	$t_1 \sim \ln N(0.3, 0.5^2)$
			1	0.2	
			2	0.3	
			3	0.4	
Com_2	5	0.3	0	0.1	$t_2 \sim \ln N(0.8, 0.5^2)$
			2	0.15	
			3	0.25	
			4	0.5	
Com_3	7	0.2	1	0.15	$t_3 \sim \ln N(1.2, 0.5^2)$
			2	0.1	
			4	0.3	
			5	0.25	
			6	0.2	
Com_4	10	0.1	2	0.1	$t_4 \sim \ln N(1.5, 0.5^2)$
			3	0.15	
			5	0.25	
			6	0.2	
			8	0.3	

(2) 解析計算

基於 2.4.1 節和 2.4.2 節所述串聯結構和並聯結構下的彈性解析模型，可以計算得串聯系統彈性期望為 $E(\mathbb{R}_{串聯})=0.987641$，並聯系統彈性期望為 $E(\mathbb{R}_{並聯})=0.993037$。

(3) 分析與討論

① 不同結構下的彈性分析　由前面的彈性期望解析計算結果可知，相同部件性能下降對不同系統結構的影響不同。這裡我們採用蒙特卡羅仿真的方法（方法敘述見 2.5.1 節），經過 10^5 次仿真迭代後得到了串聯和並聯結構系統在每個部件容量降級下的彈性經驗機率分布函數(PDF)，如圖 2.6 所示。

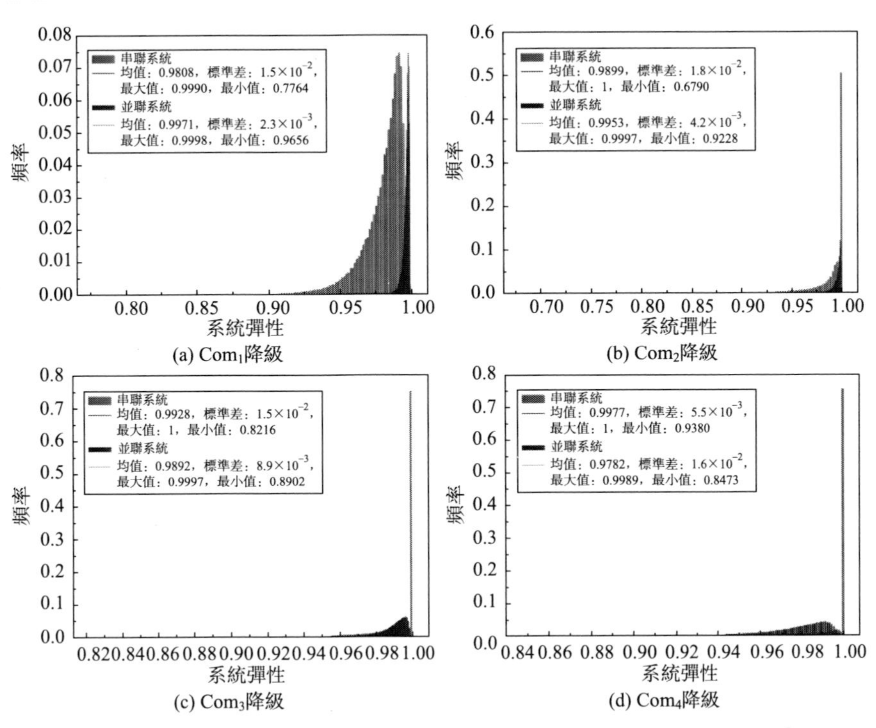

圖 2.6　不同部件容量降級下串、並聯系統彈性機率分布對比（電子版[1]）

當 Com_1 遭受擾動時，兩個系統的最大流均將下降，恢復時間等於 Com_1 的恢復時間，因為 Com_1 的任一容量降級狀態都將造成兩個系統的最大流下降。對於串聯系統而言，由於 Com_1 的容量就等於系統最大流，因此其容量降級將引起更大的系統性能下降，然而並聯結構系統中它僅提供部分流量，因此，並聯系統在 Com_1 遭受擾動時的平均彈性大於串聯系統，如圖 2.6(a) 所示。當 Com_2、Com_3 或 Com_4 受到擾動時，這些部件的容量降級可能不會影響串聯結構系統的最大流，而一旦最大流下降，系統的恢復時間將比部件的容量恢復時間小。出現這種現象是因為這些部件並非系統最大流的瓶頸，具有一定的容量冗餘。如果部件容量下降，系統性能不受影響，則說明系統具有較高的穩健性以抵禦這種擾動。相反，這樣的擾動必然導致並聯結構系統的最大流降低，並且系統的恢復時間等於部件的恢復時間。類似地，具有較小初始容量的 Com_2

[1] 為了方便讀者學習，書中部分圖片提供電子版（提供電子版的圖，在圖上有「電子版」標識），在 www. cip. com. cn/資源下載/配書資源中查找書名或者書號即可下載。

的容量降級也將導致串聯系統性能下降的百分比較大。因此，如圖 2.6 (b) 所示，並聯系統在 Com_2 遭受擾動時的平均彈性值也大於串聯系統的平均彈性值，這是因為存在 Com_2 發生容量降級而不導致網路最大流下降的情況。如圖 2.6(c)、(d) 所示，Com_3 和 Com_4 受到擾動的情況下串聯系統的平均彈性值高於並聯系統。一方面，對於串聯系統，系統最大流不受 Com_3 和 Com_4 容量降級影響的機率較高；另一方面，由於初始容量較高的 Com_3 和 Com_4 為並聯系統提供了最多的流量，故 Com_3 和 Com_4 容量降級造成的並聯系統性能下降的百分比高於串聯結構系統。

② 部件數量對系統彈性的影響分析　下面對串聯和並聯這兩種結構的系統，討論系統彈性隨部件數量變化的情況。這裡我們假設系統中所有部件都是相同的，即每個部件具有相同的初始容量和受擾動機率，且服從相同的容量降級分布和恢復時間分布。表 2.2 提供了相應的系統部件參數。

表 2.2　系統部件參數

初始容量	可能的容量降級分布		恢復時間
	剩餘容量	機率	
4	0	0.1	$\ln N(0.3, 0.5^2)$
	0.8	0.2	
	2	0.3	
	3.2	0.4	

採用前文建立的系統彈性解析模型，可以分別計算出隨部件數量增加的串聯和並聯結構系統的彈性期望，如圖 2.7 所示。

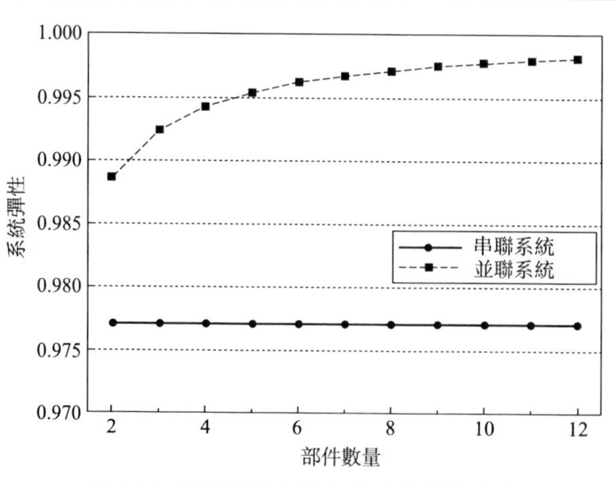

圖 2.7　隨部件數量增加的系統彈性曲線

從圖 2.7 中可以看出，並聯結構系統的彈性期望隨著部件數量的增加而增大，串聯系統彈性期望則保持不變。這主要是因為並聯系統的最大流會隨著部件容量的增大而增大，並且一個部件容量降級的影響隨著不斷增加的系統最大流而降低，最終導致了隨部件數量逐漸變大的系統彈性期望。然而，對於串聯結構系統而言，部件的增加不會引起系統最大流的變化，所以系統彈性期望是不變的。但值得注意的是，對於相同的部件，並聯系統的最大流彈性期望總是比串聯系統的彈性期望大，因為前者在面臨擾動事件時具有更高的容量冗餘。

2.5 網路系統彈性分析

2.5.1 網路系統彈性分析方法

上述兩部分為串聯和並聯結構的系統提供了基於最大流的彈性解析模型。然而，如圖 2.8 所示的網路系統結構在實際中更為常見。這裡，網路的最大流可以採用 Edmonds 和 Karp（1972）[18] 的算法計算。網路中，節點和鏈路都是系統的組成部分，但為了簡化問題，這裡假設鏈路容量有限且可能產生性能降級，節點容量無限且不會產生性能降級。對網路系統來說，很難直接建立部件容量和網路最大流之間的解析關係，故我們使用蒙特卡羅仿真來探索網路結構系統彈性，並討論不同部件遭受擾動後將如何影響網路系統的彈性。仿真步驟如下。

① 計算源-目的節點的初始網路最大流 C_{N}。

② 根據每個部件可能遭受擾動的機率 q_i，抽樣確定受擾動的部件 j。

③ 根據部件性能降級和恢復時間所服從的分布，抽樣確定部件 j 受擾動後的剩餘容量 C_j^* 和恢復時間 t_j。

④ 應用式(2.2) 來計算部件 j 的彈性。

⑤ 根據 Edmonds 和 Karp（1972）[18] 的算法計算擾動後的系統最大流，即 C_{N_j}。

⑥ 找到部件 j 支持初始系統最大流 C_{N} 所需的最低容量，表示為 C_j^h，其中 h 為部件 j 的離散分布中容量等級序號。基於部件 j 的恢復時間透過相似三角形法計算網路系統恢復時間，即 $T_{\mathrm{N},j}=\dfrac{C_j^h-C_j^*}{C_j-C_j^*}t_j$。

⑦ 在第 k 次擾動下計算系統彈性為 $\mathbb{R}_{\mathrm{N},k}=1-\dfrac{(C_{\mathrm{N}}-C_{\mathrm{N}_j})T_{\mathrm{N},j}}{2C_{\mathrm{N}}T_{\mathrm{u}}}$。

⑧ 考慮到擾動、容量降級和恢復時間的隨機性，重複②～⑦步，直到迭代次數 M。

⑨ 最後，根據上述不同擾動下的系統彈性值計算經驗系統彈性 $\overline{\mathbb{R}_{\mathrm{N}}}=\dfrac{\sum_{k=1}^{M}\mathbb{R}_{\mathrm{N},k}}{M}$。

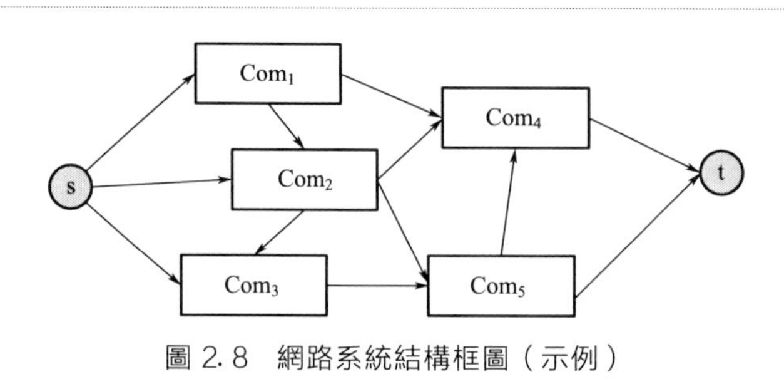

圖 2.8 網路系統結構框圖（示例）

根據仿真結果，可以進一步分析仿真誤差。眾所周知，對於大樣本 N，透過蒙特卡羅仿真從一個集合獲得的樣本的算術平均值服從均值為 μ、方差為 $\dfrac{\sigma^2}{N}$ 的正態分布。給定雙側信賴區間為 $1-\alpha$（例如，$1-\alpha=95\%$），仿真誤差可以計算為

$$\varepsilon=\frac{Z_{\alpha/2}S}{\sqrt{N}} \tag{2.9}$$

式中，$Z_{\alpha/2}$ 為標準正態分布的第 $100\left(1-\dfrac{\alpha}{2}\right)$ 個百分點；S 為所有系統彈性值的標準差。

上述方法採用了蒙特卡羅方法，該方法的具體介紹可以參照第 5 章。

2.5.2 網路系統彈性分析案例

(1) 案例說明

這裡採用 Hillier 和 Lieberman (2010)[19] 在運籌學的最短路徑、最小生成樹和最大流問題研究中用到的 Seervada Park 路網作為網路系統彈性分析示例進行說明。Henry 和 Ramirez-Marquez (2012)[20] 在網路彈性研究中也用到了這個案例，並假設 Seervada Park 位於丘陵地帶，這裡有一條河流穿過，兩個破壞性事件（岩石滑坡和洪水）可能造成不同的

路段損壞。在本案例中，我們使用了由 Henry 和 Ramirez-Marquez (2012)[20] 提供的路網拓撲結構和每個路段的最大日常容量，並假定了部件的受擾動機率、容量降級和恢復時間等參數。如圖 2.9 所示，該路網有 12 條鏈路，鏈路標籤代表它們的索引號和容量。

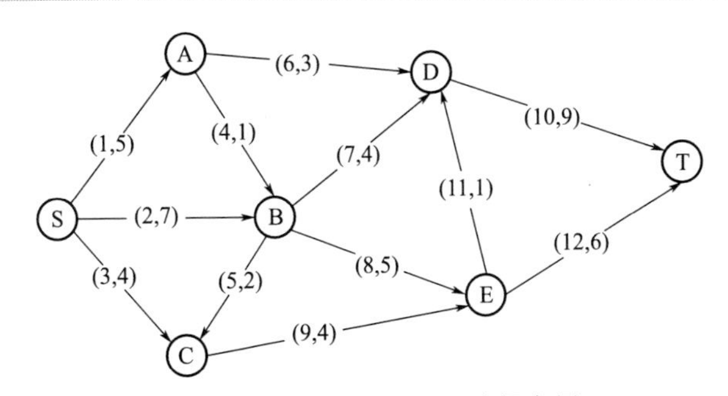

圖 2.9　Seervada Park 路網案例

（注：括號內第一個數字代表鏈路序號，第二個數字代表鏈路容量）

為了計算該路網的彈性，我們使用文獻［20］中所假設的擾動事件（假設 1 和假設 2）以及一個新定義的擾動事件（假設 3）：

假設 1：一條穿過公路入口的河流泛濫導致鏈路 1～鏈路 5 中的一個路段遭到破壞[20]；

假設 2：在路網中心發生山體滑坡，會導致鏈路 6～鏈路 9 中的一個路段遭到破壞[20]；

假設 3：積雪覆蓋了路網的末端，這將導致鏈路 10～鏈路 12 中的一個路段受到交通管制。

表 2.3 給出了 Seervada Park 路網組成部件的相關參數，其中圖 2.9 所示的每條鏈路記作 Com_i（其中 i 代表鏈路序號）。考慮到路網在相同類型的擾動下會採取相同的資源進行恢復，所以在不同的擾動下，我們使用了三個對數正態分布來反映不同的恢復速度，如表 2.3 第 6 列所示。在大多數情況下，洪水災害需要最長的時間來恢復，滑坡災害需要第二長的時間，積雪災害恢復最快。另外，我們將 $T_u=10$ 個時間單位作為恢復時間的上限。

表 2.3　Seervada Park 路網組成部件的相關參數

部件	擾動類型	受擾動機率	可能的容量降級分布		恢復時間分布
			容量	機率	
Com_1	擾動假設 1	0.15	0	0.2	$t_{1\sim5}\sim \ln N(1.5,1^2)$
			1	0.3	
			2.5	0.5	

續表

部件	擾動類型	受擾動機率	可能的容量降級分布		恢復時間分布
			容量	機率	
Com_2	擾動假設 1	0.1	0	0.2	$t_{1\sim5}\sim \ln N(1.5,1^2)$
			1.4	0.3	
			3.5	0.5	
Com_3		0.15	0	0.2	
			0.8	0.3	
			2	0.5	
Com_4		0.05	0	0.2	
			0.2	0.3	
			0.5	0.5	
Com_5		0.05	0	0.2	
			0.4	0.3	
			1	0.5	
Com_6	擾動假設 2	0.1	0	0.1	$t_{6\sim9}\sim \ln N(1,0.5^2)$
			0.6	0.2	
			1.5	0.4	
			1.8	0.1	
			2.4	0.2	
Com_7		0.05	0	0.1	
			0.8	0.2	
			2	0.4	
			2.4	0.1	
			3.2	0.2	
Com_8		0.05	0	0.1	
			1	0.2	
			2.5	0.4	
			3	0.1	
			4	0.2	
Com_9		0.1	0	0.1	
			0.8	0.2	
			2	0.4	
			2.4	0.1	
			3.2	0.2	

續表

部件	擾動類型	受擾動機率	可能的容量降級分布		恢復時間分布
			容量	機率	
Com_{10}	擾動假設 3	0.05	4.5	0.5	$t_{10\sim12}\sim \ln N(0.5,0.3^2)$
			5.4	0.3	
			7.2	0.2	
Com_{11}		0.1	0.5	0.5	
			0.6	0.3	
			0.8	0.2	
Com_{12}		0.05	3	0.5	
			3.6	0.3	
			4.8	0.2	

(2) 分析與討論

正常情況下，Seervada Park 路網的路網最大流為 14 個單位。擾動事件導致部件 i 產生容量降級，從而可能導致路網最大流降低。透過基於蒙特卡羅的仿真方法，得到 10^5 次迭代後的 Seervada Park 路網彈性經驗估計值：$\overline{\mathbb{R}_N}=0.9781$。該路網彈性的機率密度函數（pdf）如圖 2.10 所示，從中可以看出，最大流彈性大於 0.975 的機率超過 60%。這表明在大多數擾動下該路網的彈性非常高，在某些特定擾動下也可能展現較低的彈性。

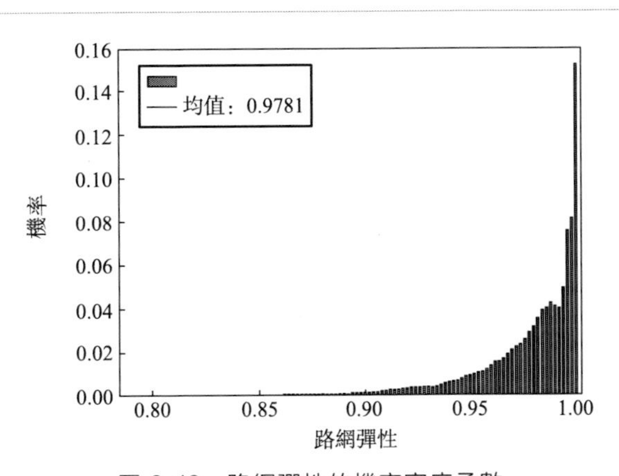

圖 2.10　路網彈性的機率密度函數

同時，圖 2.11 給出了在不同部件遭受擾動下路網彈性的累積機率分布函數。在圖 2.11 中，只有鏈路 2 受擾動造成的路網彈性可能小於

0.85，並且分布範圍最寬。換句話說，鏈路 2 受擾動對 Seervada Park 路網基於最大流的彈性的不利影響最大。相反，其他部件遭受擾動後的路網彈性都大於 0.85。值得注意的是，鏈路 4 和鏈路 5 的容量降級對整個路網最大流沒有影響，即使兩個部件的容量都下降到 0，Seervada Park 路網的最大流也不會降低，因此在圖 2.11 中並沒有對應這兩個部件的曲線。不同部件對路網的影響也可能隨著目標系統彈性的變化而改變。例如，當 $\mathbb{R}_N<0.97$ 時，鏈路 12 的曲線低於鏈路 7（即如果容量降級發生在鏈路 7，Seervada Park 路網彈性更高），而當 $\mathbb{R}_N>0.97$ 時，此情形將變為在鏈路 12 上發生容量降級，該路網的彈性更高。

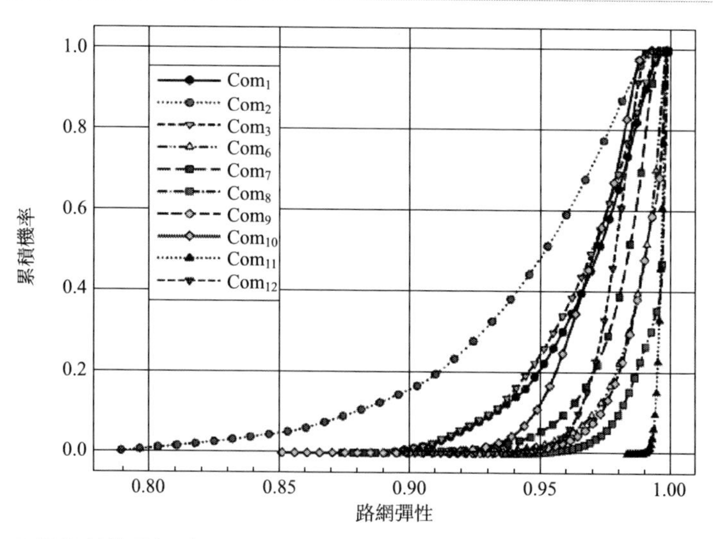

圖 2.11　不同部件遭受擾動下 Seervada Park 路網彈性累積機率分布函數（電子版）

圖 2.12 展示了 Seervada Park 路網最大流隨各部件容量降級的變化情況。可以看出，鏈路 11 的容量降級引發的路網最大流降級最小，即 Seervada Park 路網能夠承受大多數發生在鏈路 11 的擾動。因此，當鏈路 11 受到擾動時，路網的彈性分布範圍最窄，如圖 2.11 所示。

此外，對比圖 2.12 中鏈路 2 和鏈路 10，可知由鏈路 10 容量降級引起的 Seervada Park 路網最大流下降程度大於由鏈路 2 容量降級導致的情況。但為什麼該路網在鏈路 10 遭受擾動的情況下更具彈性呢（見圖 2.11）？這主要是因為兩者受擾動後的路網最大流恢復時間不同。圖 2.13 描述了當鏈路 2 和鏈路 10 發生容量降級時 Seervada Park 路網恢復時間的直方圖。比較表明鏈路 2 降級下的路網最大恢復時間是 9.9998 個時間單位，而鏈路 10 降級下的路網最大恢復時間是 5.7755 個時間單位。同時，後者的平均恢復時間為 1.7262 個時間單位，比前者的平均恢復時間 3.9449 個時間單位要小得多，因此後者在較短的時間間隔內恢復的機率較高。

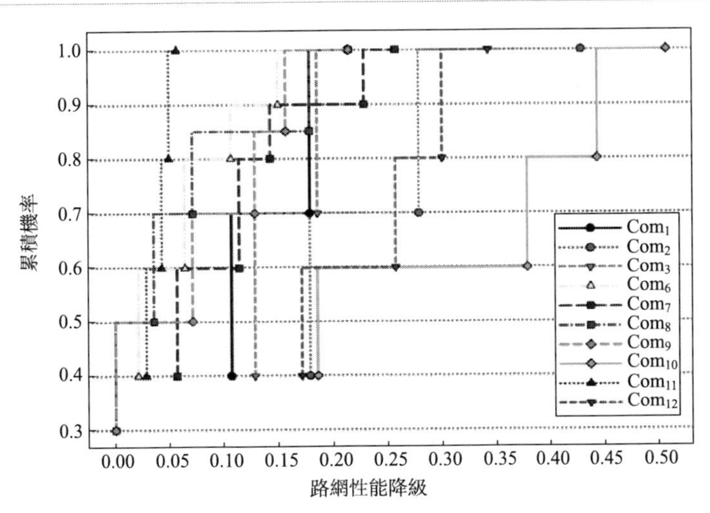

圖 2.12　Seervada Park 路網最大流隨各部件容量降級的變化情況（電子版）

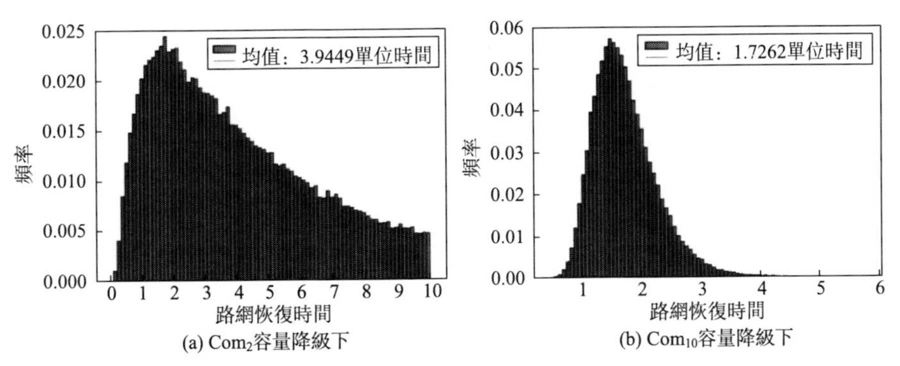

圖 2.13　Com_2 和 Com_{10} 容量降級時 Seervada Park 路網恢復時間直方圖（電子版）

顯然，不同的拓撲結構的網路彈性是不同的。在 Seervada Park 路網案例研究中，使用了兩個其他的拓撲結構來與圖 2.9（拓撲 1）中最初的拓撲進行比較，這兩個拓撲結構（拓撲 2 和拓撲 3）如圖 2.14 所示。正常情況下，這兩個拓撲結構的網路最大流分別為 13 個單位和 11 個單位。在具有相同的鏈路和節點的情況下，三種拓撲具有不同的容量冗餘度，其中拓撲 1 的冗餘度最小，拓撲 3 具有最大的冗餘度，而拓撲 2 的容量冗餘在兩者之間。這裡，容量冗餘是總剩餘容量與總工作容量的比值[21]。

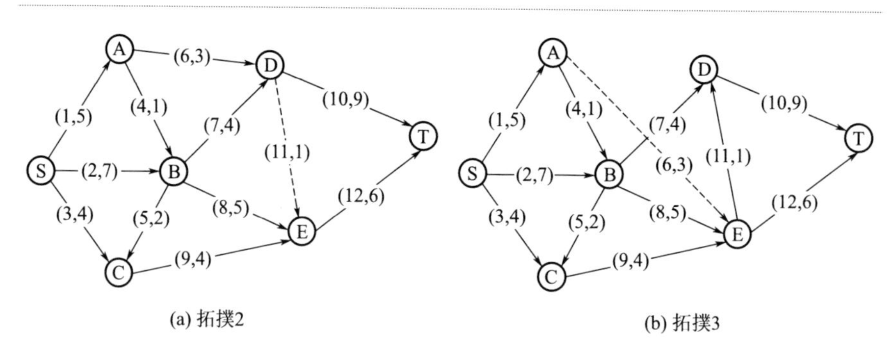

圖 2.14 其他兩個路網拓撲

拓撲 2 和拓撲 3 基於最大流的路網彈性機率密度函數如圖 2.15 所示。比較三種拓撲的彈性分布，可以看出三者中具有更高容量冗餘的拓撲具有更高的經驗彈性，即$\overline{R_{T_3}}>\overline{R_{T_2}}>\overline{R_{T_1}}$。出現這種現象的原因是冗餘度較高的網路中，受擾動部件的流量遷移到其他未受擾動部件的可能性更大，因此這種部件的容量降級對路網最大流影響較小。如今，如何應對未知的威脅、非平穩或不斷變化的危險是一個非常大的挑戰。當確定這些威脅和危險時，應用我們的彈性量化分析方法來比較和選擇更好的系統的結構/拓撲和恢復策略是非常有效的。

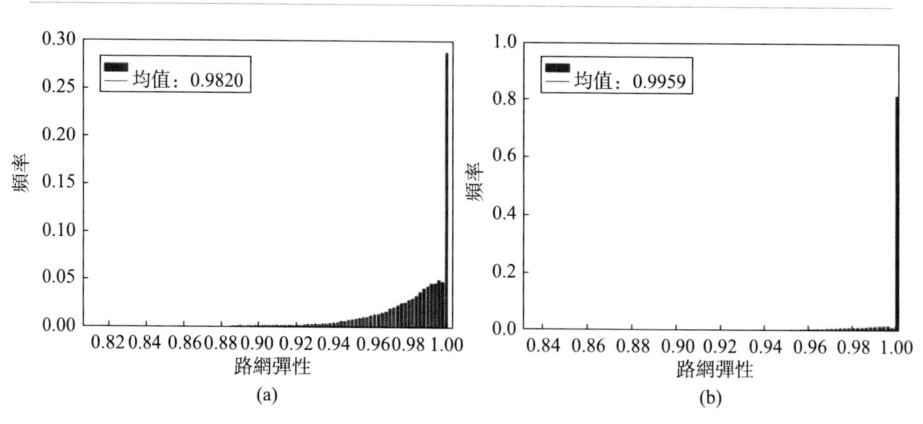

圖 2.15 拓撲 2 和拓撲 3 的基於最大流的路網彈性機率密度函數（電子版）

值得注意的是，並非所有容量冗餘更高的網路都具有更好的彈性。為了討論容量冗餘如何影響網路彈性，我們在 Seervada Park 問題中透過增加鏈路 1、鏈路 8、鏈路 9 和鏈路 10 的容量作為例子來進行更多分析，這些部件容量的增加不會改變路網的最大流。如圖 2.16 所示，當鏈路 8 或鏈路

9 容量增加時，路網彈性增加；而當鏈路 1 或鏈路 10 容量增加時，路網彈性保持不變。出現這種現象是因為部件的容量降級服從離散分布。如果鏈路 8 和鏈路 9 產生容量降級，則一旦容量分別恢復到 3 和 3.2，路網的最大流將被完全恢復。這兩個部件的容量增加會減少網路的恢復時間。其容量增加得越大，系統恢復的速度越快，因此鏈路 8 和鏈路 9 的容量增加會導致路網彈性增加。但對於鏈路 1 和鏈路 10，不存在能夠支持初始路網最大流的容量降級。如果鏈路 1 和鏈路 10 產生容量降級，只有等到鏈路容量完全恢復之後系統最大流才會恢復。即便增加鏈路 1 和鏈路 10 的容量，系統恢復也需要等待這兩條鏈路完全恢復。因此，路網的恢復時間不會隨著鏈路 1 或鏈路 10 容量增加而改變，所以路網彈性保持不變。

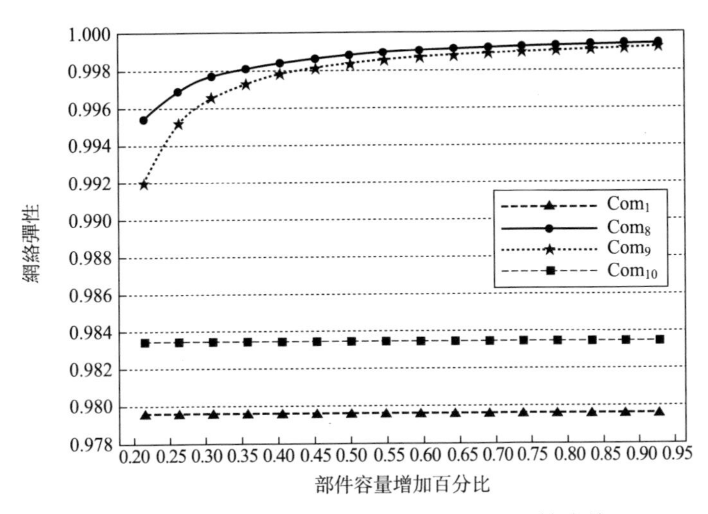

圖 2.16 不同部件容量冗餘增加下路網彈性比較

總之，不是所有的容量冗餘都能提高網路的彈性，即使網路彈性提高了，效果也是不一樣的。因此，在網路中選擇適當的位置來增加冗餘是很重要的。

2.6 應用：分布式發電系統

本節以分布式發電系統為例，闡述前文得到的系統彈性模型的應用。眾所周知，電力系統是當今社會的關鍵基礎設施，它將電力能源從生產端轉移運輸至客户端，以滿足人們生產和生活中對電力使用的需求。傳統的發電系統由能夠提供固定能源供給的多種部件組成。隨著社會的發展，由於固定能源供給的成本越來越高，可再生資源逐漸被廣泛應用於電力系統中[22,23]。這些可再生能源由太陽能發電機、風力發電機等部件產生，而這些部件也使得電力系統變成了分布式發電系統。於是保證這些複雜的分布式發電系統正常工作成為了一項重要課題，即需要如何研究分布式發電系統的彈性問題。

（1）分布式發電系統

本節將對一個由 34 個節點組成的分布式發電系統進行彈性建模（系統出處參見文獻［24］）。此分布式發電系統的電力能源不僅來源於傳統的固定能源供給，同時還來源於可再生能源發電機。

該發電系統包括以下部件：傳統電機轉換器、產生可再生能源的太陽能發電機、風力發電機和電動車輛裝置。其中，電力能源一部分由系統內傳統電機轉換器提供，其他由太陽能發電機、風力發電機和電動車輛裝置提供。圖 2.17 給出整個分布式發電系統各種部件組成的邏輯層級結構。圖 2.18 則表述了分布式電力系統的模型與組件構成。

（2）分布式發電系統彈性建模與分析

我們用 $G(t)$ 表示整個系統產生出來的電量，$G_T(t)$、$G_S(t)$、$G_W(t)$、$G_E(t)$ 分別表示由各個不同部分的單元（傳統電機轉換器、產生可再生能源的太陽能發電機、風力發電機和電動車輛裝置）產生出來可以供給的電量。那麼：

$$G(t)=G_T(t)+G_S(t)+G_W(t)+G_E(t) \tag{2.10}$$

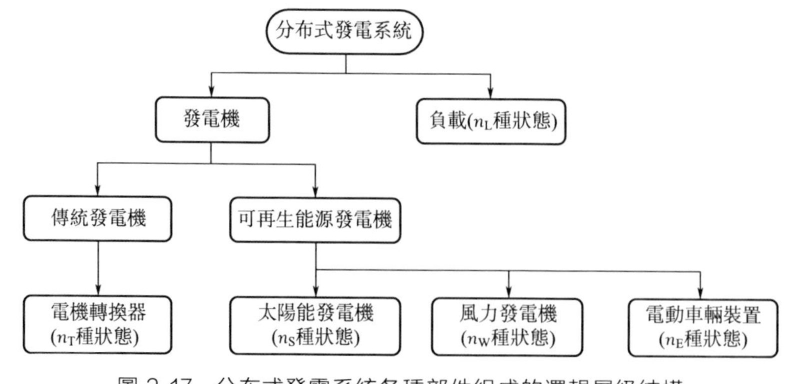

圖 2.17　分布式發電系統各種部件組成的邏輯層級結構

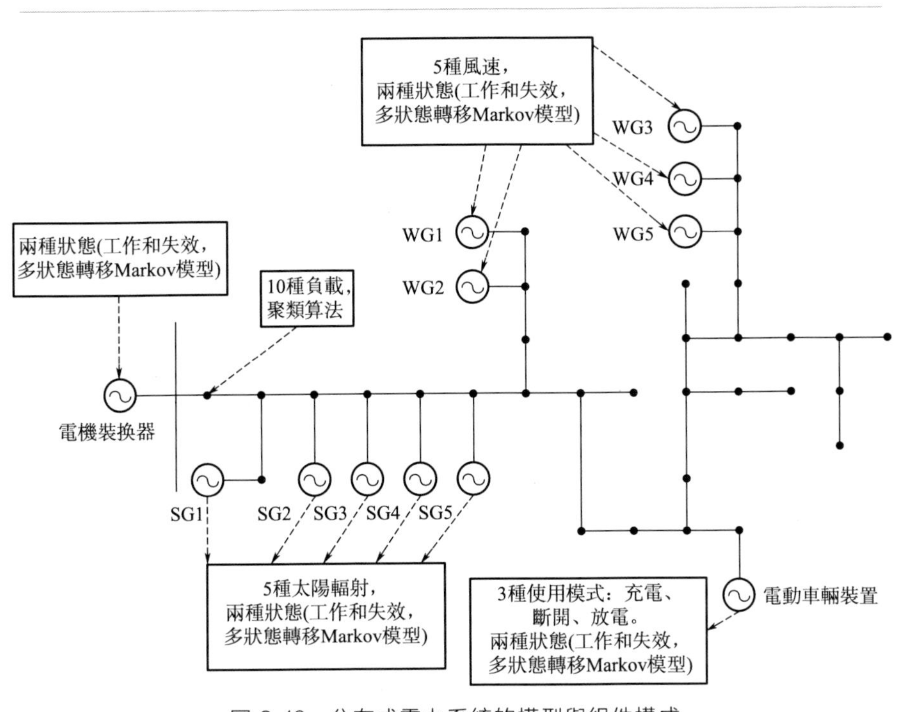

圖 2.18　分布式電力系統的模型與組件構成

由式（2.10）可知，該分布式發電系統的性能函數與2.4.2節所討論的以「最大流」為性能指標的並聯系統的性能函數一致，因此，可以用並聯系統的彈性模型對這一分布式發電系統進行彈性分析。這裡，我們假設部件性能降級是服從離散分布的，恢復時間是服從對數正態分布的。對於這樣的分布式發電系統，當外部擾動或系統性擾動事件發生時，一個具有高彈性的系統具有透過自身能力恢復至完好狀態的能力或者會承擔最少的損失，如圖2.19所示。

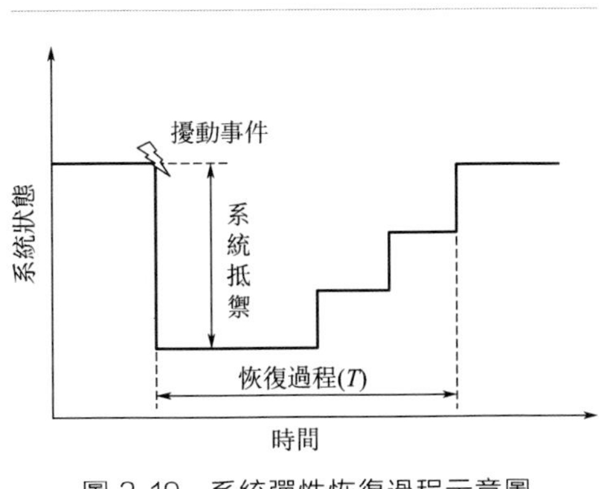

圖 2.19　系統彈性恢復過程示意圖

根據2.4.2節，由第 j 個部件受擾動造成的分布式發電系統彈性度量如下：

$$\mathbb{R}_{\mathrm{p},j} = 1 - \frac{\left(1 - \frac{G_j^* + \sum_{i \neq j} G_i}{G_0}\right) t_j}{2T_u} = 1 - \frac{(G_j - G_j^*) t_j}{2G_0 T_u} \quad (2.11)$$

式中，正常情況下傳統電機轉換器、產生可再生能源的太陽能發電機、風力發電機和電動車輛裝置產生出來可以供給的電量簡寫為 G_i；正常情況下系統可以供給的總電量 $G_0 = \sum G_i$；部件 j 受擾動後可供給的電量降級為 G_j^*；t_j 為部件 j 可供給電量的恢復時間。假設第 i 個部件受到擾動的機率為 q_i，可得基於最大流的系統彈性期望為

$$E(\mathbb{R}_\mathrm{p}) = \sum_{i=1}^{n} q_i E(\mathbb{R}_{\mathrm{p},i}) = 1 - \frac{\sum_{i=1}^{n} q_i \left[G_i - \sum_{k=1}^{m_i} (p_{i,k} G_{i,k}) \right] \mathrm{e}^{\mu_i + \frac{1}{2}\sigma_i^2}}{2G_0 T_\mathrm{u}} \quad (2.12)$$

代入具體數據後，可得到計算結果，這裡不再贅述。由此可知，在性能函數相同的情況下，2.4.1 節和 2.4.2 節得到的系統彈性模型仍然可以使用。

參考文獻

[1] Linkov I, Bridges T, Creutzig F, et al. Changing the resilience paradigm[J]. Nature Climate Change, 2014, 4 (6): 409.

[2] Park J, Seager T P, Rao P S C, et al. Integrating risk and resilience approaches to catastrophe management in engineering systems [J]. Risk Analysis, 2013, 33 (3): 356-367.

[3] Jin C, Li R, Kang R. Maximum flow-based resilience analysis: from component to system [J]. Plos One, 2017, 12 (5): e0177668.

[4] Zobel C W. Representing perceived tradeoffs in defining disaster resilience [J]. Decision Support Systems, 2011, 50 (2): 394-403.

[5] Yin M L, Arellano R R. A case study on network reliability analysis for systems with non-independent paths [C]//Annual reliability and maintainability symposium, 2008: 108-113.

[6] Mishra R, Chaturvedi S K. A cutsets-based unified framework to evaluate network reliability measures [J]. IEEE Transactions on Reliability, 2009, 58 (4): 658-666.

[7] Shrestha A, Xing L, Liu H. Modeling and evaluating the reliability of wireless sensor networks [C]// Annual reliability and maintainability symposium, 2007: 186-191.

[8] Lin Y K. System reliability of a stochastic-flow network through two minimal paths under time threshold[J]. International Journal of Production Economics, 2010, 124(2): 382-387.

[9] Lin Y K. Stochastic flow networks via multiple paths under time threshold and budget constraint[J]. Computers & Mathematics with Applications, 2011, 62(6): 2629-2638.

[10] Ouyang M, Dueñas-Osorio L, Min X. A three-stage resilience analysis framework for urban infrastructure systems[J]. Structural Safety, 2012, 36: 23-31.

[11] Barker K, Ramirez-Marquez J E, Rocco C M. Resilience-based network component importance measures[J]. Reliability Engineering & System Safety, 2013, 117: 89-97.

[12] Baroud H, Ramirez-Marquez J E, Barker K, et al. Stochastic measures of network resilience: applications to waterway commodity flows[J]. Risk Analysis, 2014, 34(7): 1317-1335.

[13] Mi J. Interval estimation of availability of a series system[J]. IEEE Transactions on Reliability, 1991, 40(5): 541-546.

[14] Upadhya K S, Srinivasan N K. Availability of weapon systems with multiple failures and logistic delays[J]. International Journal of Quality & Reliability Management, 2003, 20(7): 836-846.

[15] Myrefelt S. The reliability and availability of heating, ventilation and air conditioning systems[J]. Energy and buildings, 2004, 36(10): 1035-1048.

[16] Golob T F, Recker W W, Leonard J D. An analysis of the severity and incident duration of truck-involved freeway accidents[J]. Accident Analysis & Prevention, 1987, 19(5): 375-395.

[17] Skabardonis A, Petty K, Varaiya P. Los Angeles I-10 field experiment: incident patterns[J]. Transportation Research Record: Journal of the Transportation Research Board, 1999(1683): 22-30.

[18] Edmonds J, Karp R M. Theoretical improvements in algorithmic efficiency for network flow problems[J]. Journal of the ACM, 1972, 19(2): 248-264.

[19] Hillier F S, Lieberman G J. Introduction to operations research (9th printing) [M]. The McGraw-Hill Companies Inc. 2010.

[20] Henry D, Ramirez-Marquez J E. Generic metrics and quantitative approaches for system resilience as a function of time[J]. Reliability Engineering & System Safety, 2012, 99: 114-122.

[21] Liu Y, Tipper D, Siripongwutikorn P. Approximating optimal spare capacity allocation by successive survivable routing[J]. IEEE/ACM Transactions on Networking, 2005, 13(1): 198-211.

[22] Billinton R. Generating capacity adequacy evaluation of small stand-alone power systems containing solar energy[J]. Reliability Engineering & System Safety, 2006, 91(4): 438-443.

[23] Moharil R M, Kulkarni P S. Reliability analysis of solar photovoltaic system using hourly mean solar radiation data[J]. Solar Energy, 2010, 84(4): 691-702.

[24] Li Y F, Zio E. A multi-state model for the reliability assessment of a distributed generation system via universal generating function[J]. Reliability Engineering & System Safety, 2012, 106: 28-36.

第3章

基於聚合隨機過程的多態系統彈性建模

3.1 研究背景

傳統的可靠性理論認為系統及其組成部件僅存在正常工作和故障兩個狀態。然而，現代工業生產中的許多系統是由有不同運行水準和不同故障模式的多態部件組成的。部件的不同水準或不同故障模式對整個系統有不同的影響。這樣的系統被稱為多態系統（multi-state system, MSS）[1]。多態系統既能真實地表徵複雜系統多態的特點，又能反映出系統性能與元件性能、系統可靠性與系統性能的關係[2]，因而成為學術界和工業界所共同關注的熱點問題，並在機械工程、電腦和網路系統、通訊系統、能源系統、供給系統、城市基礎設施、戰略和防禦等眾多領域得到了迅速發展[3]。各國學者的不斷努力使得在多態系統的建模、表示及定量分析等方面有了很大的發展。Lisnianski 和 Levitin（2003）[1]、Zio（2009）[4] 分別對已有研究做了總結和歸納。

多態可修系統的可靠性研究主要關注的指標可以劃分為兩類：一類是機率指標，即系統處於某一狀態或狀態集合的機率，例如，瞬時可用度、區間可用度、穩態可用度等；另一類是時間指標，即系統處於某一狀態或狀態集合的時間，例如，平均開工時間、平均停工時間、首次故障前時間等[5-7]。無論是機率指標還是時間指標，都是「面向故障」的，換言之，這些指標僅僅關注系統的一個狀態或狀態集合（即故障狀態）。因此，這些指標主要適用於處理工作狀態與故障狀態能夠明確區分的系統。

然而，現代複雜工程系統的一個顯著特點是工作狀態與故障狀態的界限逐漸淡化：受到各種突發事件的影響，系統可能進入各種性能降級狀態，而系統完全喪失功能的狀態（即故障狀態）卻較少出現。例如，捷運營運過程中，由於信號系統、列車和設備等測試不完備，可能發生一些運力降級事件，如列車間隔增大、晚點、過站不停等。從可靠性與維修性的角度來看，人們不僅要求這類複雜工程系統不發生故障，也要求系統能夠從各種性能降級狀態中快速恢復。因此，僅憑傳統的「面向故障」的指標並不足以全面地描述對這類系統可靠性與維修性方面的新要求。彈性恰恰考慮了複雜工程系統性能所有可能的性能降級狀態，是一種「面向過程」的可靠性新要求。為了適應現代複雜工程系統可靠性與維修性需求的發展，近年來，彈性作為對複雜工程系統可靠性的一種新要求，已經在智慧電網、供水網路、資訊物理系統、關鍵基礎設施等複雜工程系統的設計中得到了廣泛的重視。

基於以上研究背景，本章將針對一般化多態系統展開其彈性問題的討論與研究。具體內容將介紹一般化多態系統的彈性建模，並定義系統的彈性指標。而後，運用聚合隨機過程的理論，對系統的彈性指標進行推導與計算。此外，本章還將闡述兩類具體多態系統的彈性研究思路與方案，為多態系統的彈性設計與分析提供更多的理論基礎。

3.2 聚合隨機過程及相關理論

在考慮隨機性因素的條件下，對系統狀態變化的研究通常需要使用隨機過程。然而，由於多態系統的狀態數目增多，所處環境多變，用傳統的隨機過程方法直接進行分析越發困難。本章將運用聚合隨機過程的方法，透過對新的聚合隨機過程的研究，對原系統進行彈性分析，推導得到多態系統的彈性指標。

3.2.1 聚合隨機過程的起源與發展

聚合隨機過程的運用最初是在生物物理學的離子通道（ion channel）研究中展現出來的[8,9]。

（1）離子通道研究背景

在生物物理學中，神經元、肌細胞等可興奮細胞組織膜上的特殊大分子蛋白質，形成具有選擇性的孔洞，處於開放狀態，允許一種或數種離子透過，離子沿著電化學梯度流過通道，形成離子電流，這就是離子通道。1950 年代初，兩位英國科學家 Hodgkin 和 Huxlev 用「電壓鉗」（voltage clamp）技術證實了跨膜電位取決於細胞膜的離子通透性，以及神經細胞的興奮是由膜的離子通透性變化所引起的。從而，「離子通道」這一概念被正式提出。1976 年，Neher 和 Sakmann 建立了膜片鉗技術，該技術被應用於通道離子電流的記錄，它利用一個玻璃電極同時完成膜片（或全細胞）電位的鉗制和膜電流的記錄。

隨著現代化新技術的發展，研究表明離子通道實質上是細胞膜上的一類跨膜糖蛋白，它們在以脂質雙分子層為骨架的細胞膜上構成具有高度選擇性的親水性孔道（其結構類似細胞內外之間的門和通道）。離子通道會有選擇性地讓一種或數種離子以被動運轉的方式透過細胞膜，並對離子流的動力學進行調控，使細胞得以在保持內環境動態平衡的條件下與外環境進行必不可少的跨膜信號傳遞和理化調控。研究還發現，離子通道不僅直接與細胞的興奮性有關，並可進一步影響和控制與細胞有關的各種生理活動，甚至還對學習、記憶和維持細胞體積恆定及內環境穩定起著重要的作用[10,11]。離子通道具有選擇性和開關性，選擇性是指一種通道優先讓某種離子透過，而另一些離子則不容易透過該種通道的特性。開關性是指離子通道存在兩種狀態，即開放狀態和關閉狀態。多數情況下離子通道是關閉的，只在一定的條件下開放。離子通道的開放和關閉稱為門控過程[12,13]。

對單離子通道運用膜片鉗技術進行實驗，可以觀測得到通道的開放狀態和關閉狀態以及它們之間轉換的記錄。圖 3.1 是一個單離子通道的膜片鉗記錄[14]。

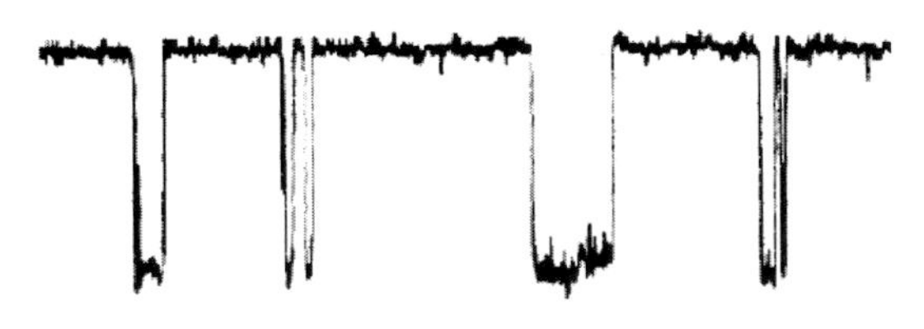

圖 3.1 單離子通道膜片鉗記錄

(2) 離子通道建模與聚合隨機過程

為了對離子通道門控過程進行準確的刻劃和描述，人們採用隨機過程的理論進行研究。最初人們採用轉移強度為常數的兩狀態馬爾可夫模型對通道的動力學進行描述。但是，隨著研究的深入，僅用該模型已不足以反映離子通道的門控機制。1970 年代起，Colquhoun 和 Hawkes 等學者就建立了多態連續時間馬爾可夫模型的基礎理論[8,9]。在實驗中觀測到的通道狀態為開放和關閉兩種狀態的交替進行，而根據實際情況，在不同機理下，細胞膜的通道狀態不僅僅只存在兩種狀態。在文獻［8］、［9］中，Colquhoun 和 Hawkes 將離子通道所處的狀態分為三類，以三個子集表示，即 A（開放狀態集）、B（短閉合狀態集）、C（長閉合狀態集），而狀態之間的轉移強度僅僅依賴於當前的狀態，不依賴於處於該狀態的時間長短，從而以馬爾可夫過程刻劃通道狀態的變化趨勢。而後，當通道處在 A 和 B 交替進行的狀態時，稱離子通道處在一種脈衝（burst）狀態，而當通道處在 C 和 B 交替進行的狀態時，稱離子通道處在一種叫作脈衝之間間隔（gaps between bursts）的狀態，其過程如圖 3.2 所示[9]。

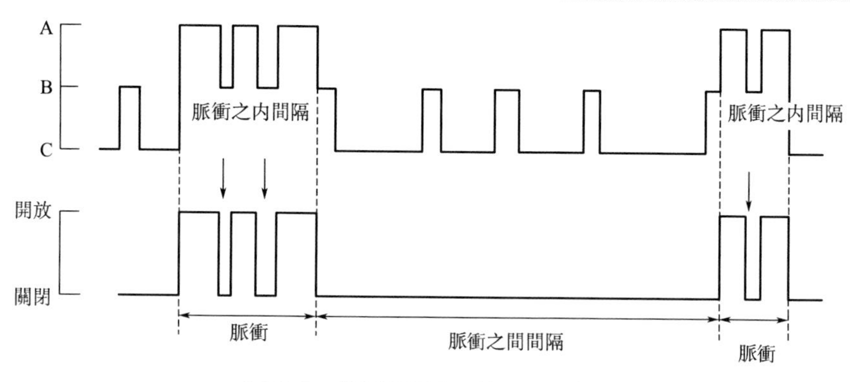

圖 3.2 離子單通道門控過程示意圖

在此模型建立的基礎上，研究者們對基於馬爾可夫過程的離子通道進行了深入詳盡的研究工作，分析推導得出了諸多反映離子通道特性和運行規律的指標的表達式。而此建模過程中，將狀態集 A 和 B，或狀態集 C 和 B 看作一類新的狀態，便是聚合思想的最初展現。雖然文獻［8］、［9］中沒有明確提及聚合的概念，但離子通道建模理論本質上是運用聚合思想，得到相應的新的隨機過程，進而分析解決了研究中的難點問題。隨後，離子通道建模理論[15-17] 進一步得到研究，對離子通道門控機制動力學及其相關問題的研究迅速發展，引起了越來越多學者的關注與重視。

從離子通道建模理論研究中可以發現其中貫穿著聚合的思想，而且需要指出的是，離子通道建模理論與系統可靠性建模理論還有著很多契合點。離子通道的馬爾可夫建模研究，開創了實質性的聚合隨機過程理論。從離子通道建模中展現出聚合思想開始，聚合隨機過程可以應用於其他很多領域學科。

3.2.2 聚合隨機過程的本質與研究

聚合思想的本質就是根據一定準則，將一些具有相似特徵或符合相同標準的狀態或個體聚類在一起，從而得到新的狀態分類。而在運用隨機過程描述系統或研究對象的運行規律和趨勢時，由於對狀態進行聚合，從而原隨機過程的狀態空間發生了變化，同時會得到一個新的隨機過程，新的隨機過程不一定擁有和原隨機過程相同的性質，稱新的隨機過程為聚合隨機過程。對系統或研究對象而言，原本只能透過對原隨機過程的研究得到相應的結論，而對原隨機過程的研究可能存在困難或根本無法用原隨機過程得到系統的分析結果。於是，轉而研究聚合隨機過程，以便於問題研究的進展，這便是聚合隨機過程的意義所在。

聚合隨機過程的數學定義如下：已知一個狀態空間為 S 的隨機過程 $\{X(t),t\geqslant 0\}$（一般情況下 S 為可數集），建立狀態空間為 S^{aggr} 的隨機過程$\{X^{aggr}(t),t\geqslant 0\}$，其中$\{X^{aggr}(t),t\geqslant 0\}$是$\{X(t),t\geqslant 0\}$的函數，且 S^{aggr} 中的狀態數目小於或等於 S 中的狀態數目，稱$\{X^{aggr}(t),t\geqslant 0\}$為聚合隨機過程，$\{X(t),t\geqslant 0\}$為基本隨機過程。表 3.1 給出了原隨機過程與聚合隨機過程的對比關係，可以更為清晰地展現出聚合隨機過程的含義。

表 3.1 原隨機過程與聚合隨機過程的對比關係

項目	原隨機過程	聚合隨機過程	兩者關係對比
記號/表達式	$\{X(t),t\geqslant 0\}$	$\{X^{aggr}(t),t\geqslant 0\}$	$\{X^{aggr}(t),t\geqslant 0\}$ 是$\{X(t),t\geqslant 0\}$的函數
狀態空間	S	S^{aggr}	S 中的狀態進行聚合， 得到 S^{aggr}，$\lvert S\rvert \geqslant \lvert S^{aggr}\rvert$
性質	具有原本隨機過程的性質	具有新的隨機過程的性質	性質不同

聚合隨機過程的研究大體上可以劃分為以下三類：聚合隨機過程的理論研究、基於聚合隨機過程的離子通道理論研究、基於聚合隨機過程的可靠性研究。

(1) 聚合隨機過程的理論研究

主要研究可聚合的條件、聚合後的性質保留等問題[18]。例如，馮海林（2004）[19] 研究了連續時間馬爾可夫模型可聚合性與幾乎可聚合的條件。郭永基（2002）[20] 給出了並聯馬爾可夫系統可進行狀態聚合的條件。

(2) 基於聚合隨機過程的離子通道理論研究

離子通道是神經元、肌細胞等可興奮細胞組織膜上的特殊大分子蛋白質。透過離子通道的開放和關閉，可以產生和傳導電信號，因而離子通道的門控行為是神經和肌肉活動的基礎。1980 年代，Colquhoun 和 Hawkes 提出了以馬爾可夫過程為基礎的離子通道建模理論[9]。該理論是聚合隨機過程理論和應用的一大飛躍。Ball（2000）[21]、Jalali（1992）[22]、Merlushkin（1996）[23] 等的研究極大地豐富了該理論。運用聚合隨機過程刻劃離子通道門控行為，已經成為生物工程中離子通道分析和資料處理的基礎。

(3) 基於聚合隨機過程的可靠性研究

從 2006 年開始，在可靠性領域中，研究者們從可靠性、維修性工程實際出發，借鑑離子通道建模理論，運用狀態聚合法，建立不同的狀態聚合系統模型，得到相應的聚合隨機過程，並進行可靠性、維修性分析。主要研究者有：北京理工大學崔利榮教授及其研究團隊[24-27]、英國的 Alan G. Hawkes 教授[28]、美國的 Li Haijun 教授[29]、石家莊鐵道大學的王麗英教授[30,31]，還包括本章作者杜時佳博士[32-34]。學者們針對特定的系統，分析系統的特性與運行規則，對系統的狀態進行恰當的定義和聚合分類，得到聚合隨機過程，進而對系統進行建模和可靠性分析。

綜上所述，聚合隨機過程在可靠性領域中的系統建模與指標推導方面可以起到重要的作用。

3.2.3 相關概念與理論基礎

由於本章在對系統進行彈性建模時，需要應用聚合隨機過程理論，所以本節將簡要闡述與之相關的馬爾可夫過程和半馬爾可夫過程的概念和理論。此外，在對系統的隨機分布推導分析時，會應用到一些數學變換，所以本節也會對拉普拉斯變換和拉普拉斯-斯蒂爾切斯變換進行簡要介紹。

(1) 馬爾可夫過程

在隨機過程理論中，馬爾可夫過程是其中的一個重要分支。馬爾可夫過程最初是由俄國數學家 A. A. Markov 於 20 世紀初提出來的。一個隨機過程具有馬爾可夫性，直觀解釋是指在已知系統現在狀態的條件下，它未來的演變不依賴於它過去的演變，即在已知「現在」的條件下，「將來」與「過去」無關。下面給出馬爾可夫過程的數學定義：

定義 3.1[35] 設一個隨機過程$\{X(t),t\geqslant 0\}$，其取值的狀態空間為$S=\{0,1,\cdots\}$，若對任意自然數 n，以及任意 n 個時刻點 $0\leqslant t_1<t_2<\cdots<t_n$，均有

$$P\{X(t_n)=i_n \mid X(t_1)=i_1,X(t_2)=i_2,\cdots,X(t_{n-1})=i_{n-1}\}$$
$$=P\{X(t_n)=i_n \mid X(t_{n-1})=i_{n-1}\},i_1,i_2,\cdots,i_n\in S$$

則稱$\{X(t),t\geqslant 0\}$為離散狀態空間 S 上的連續時間的馬爾可夫過程。

定義 3.2[35,36] 如果，對任意的時刻 $t,u\geqslant 0$，均有

$$P\{X(t+u)=j \mid X(u)=i\}=P_{ij}(t),i,j\in S$$

與 u 無關，則稱馬爾可夫過程$\{X(t),t\geqslant 0\}$是時齊的，且對固定的 i、j

屬於S，$P_{ij}(t)$ 為轉移機率函數，矩陣 $\boldsymbol{P}(t)=[P_{ij}(t)]$為轉移機率矩陣。

假定$\lim\limits_{t\to 0}P_{ij}(t)=\delta_{ij}=\begin{cases}1, & i=j\\0, & i\neq j\end{cases}$，那麼，轉移機率函數 $P_{ij}(t)$ 具有如下性質：

① $P_{ij}(t)\geqslant 0$；

② $\sum\limits_{j\in S}P_{ij}(t)=1$；

③ $\sum\limits_{k\in S}P_{ik}(u)P_{kj}(v)=P_{ij}(u+v)$。

對於時齊的馬爾可夫過程$\{X(t),t\geqslant 0\}$，在無窮小的時間區間 Δt 上，定義下列極限：

$$\begin{cases}\lim\limits_{\Delta t\to 0}\dfrac{P_{ij}(\Delta t)}{\Delta t}=q_{ij}, & i\neq j, \ i, \ j\in S\\ \lim\limits_{\Delta t\to 0}\dfrac{1-P_{ii}(\Delta t)}{\Delta t}=-q_{ii}, & i\in S\end{cases}$$

由以上定義的取值 q_{ij} 構成的矩陣$\boldsymbol{Q}=[q_{ij}]$，稱為馬爾可夫過程的轉移率矩陣，並且滿足 $\sum\limits_{j\in S}q_{ij}=0$，$i\in S$ 。

如果令 $p_j(t)=P\{X(t)=j\}(j\in S)$，它表示在時刻 t 系統處於狀態 j 的機率，且

$$p_j(t)=\sum_{k\in S}p_k(0)P_{kj}(t)$$

記 $\boldsymbol{p}(t)=[p_0(t),p_1(t),\cdots,p_N(t)]$，則有

$$\frac{\mathrm{d}\boldsymbol{p}(t)}{\mathrm{d}t}=\boldsymbol{p}(t)\boldsymbol{Q} \tag{3.1}$$

即為馬爾可夫過程的狀態方程組，可以由式(3.1) 求出系統時刻 t 處於各個狀態的機率。

此外，轉移機率矩陣和轉移率矩陣之間存在如下方程組的關係：

$$\frac{\mathrm{d}\boldsymbol{P}(t)}{\mathrm{d}t}=\boldsymbol{P}(t)\boldsymbol{Q} \tag{3.2}$$

也稱其為 Kolmogorov 向前方程。於是如果已知馬爾可夫過程的轉移率矩陣$\boldsymbol{Q}$，即可根據式(3.2) 求出轉移機率矩陣。

(2) 半馬爾可夫過程

定義 3.3[37] 設$(\boldsymbol{Z},\boldsymbol{T})=\{Z_n,T_n,n=0,1,\cdots\}$為一個二維離散時間隨機過程，其中 Z_n 取值為$E=\{0,1,\cdots\}$，T_n 取值範圍為 $[0,\infty)$，如果

對所有 $n=0,1,\cdots$，$i\in E$，$t\geqslant 0$，有

$$P\{Z_{n+1}=i,T_{n+1}-T_n\leqslant t\mid Z_0,Z_1,\cdots,Z_n,T_0,T_1,\cdots,T_n\}$$
$$=P\{Z_{n+1}=i,T_{n+1}-T_n\leqslant t\mid Z_n\}$$

則稱（$\boldsymbol{Z},\boldsymbol{T}$）為馬爾可夫更新過程。

定義 3.4[37] 如果令 $X(t)=Z_n$，當 $T_n\leqslant t\leqslant T_{n+1}$ 時，稱$\{X(t),t\geqslant 0\}$是與馬爾可夫更新過程（$\boldsymbol{Z},\boldsymbol{T}$）相聯繫的半馬爾可夫隨機過程。

定義 3.5[37] 記 $Q_{ij}(t)$ 如下：

$$Q_{ij}(t)=P\{Z_{n+1}=j,T_{n+1}\leqslant t\mid Z_n\}$$

則稱$\{Q_{ij}(t),i,j\in E\}$為半馬爾可夫核。

於是時齊的馬爾可夫更新過程的性質由它的半馬爾可夫核完全確定。此外，如果令 $\lim\limits_{t\to\infty}Q_{ij}(t)=P_{ij}(i,j\in E)$，並設 $\boldsymbol{P}=[P_{ij}](i,j\in E)$。

根據馬爾可夫更新過程的定義，$\{Z_n,n\geqslant 0\}$ 是狀態空間 E 上具有轉移機率矩陣 $\boldsymbol{P}$ 的離散時間馬爾可夫鏈。

(3) 拉普拉斯變換與拉普拉斯-斯蒂爾切斯變換

定義 3.6 設 $f(t)$ 是定義在 $\mathbb{R}^+\cup\{0\}$ 上的函數。把由

$$f^*(s)=\int_0^{+\infty}\mathrm{e}^{-st}f(t)\mathrm{d}t=\mathcal{L}\{f(t)\} \tag{3.3}$$

定義的函數 $f^*(s)$ 稱作 $f(t)$ 的拉普拉斯變換（簡稱 $\mathcal{L}$ 變換或拉氏變換）。

設 X 是一非負隨機變數，它的分布函數是 $F(x)$。若 $F(x)$ 有密度函數 $f(x)$，則可以藉助 $f(x)$ 的 $\mathcal{L}$ 變換研究隨機變數的機率分布。當分布函數 $F(x)$ 不存在密度函數時，就無法直接使用 $\mathcal{L}$ 變換。為了彌補這一缺陷，對分布函數定義類似的變換。

定義 3.7 設 $F(x)$ 是非負隨機變數 X 的分布函數，稱由

$$F^*(s)=\mathcal{L}-\mathcal{S}\{f(x)\}=\int_0^{+\infty}\mathrm{e}^{-st}\mathrm{d}F(x)=E(\mathrm{e}^{-sX}) \tag{3.4}$$

定義的變換 $F^*(s)$ 為分布函數 $F(x)$（或者說隨機變數 X）的拉普拉斯-斯蒂爾切斯變換（簡稱 $\mathcal{L}$-$\mathcal{S}$ 變換）。

3.3 一般化多態系統彈性建模與分析

3.3.1 系統模型與假設

為了研究多態系統的彈性問題，並且恰當地描述系統的彈性，本節

首先用一個連續時間的馬爾可夫過程來刻劃多態系統，下面給出關於所研究的多態系統的詳細模型與假設。

① 假定多態系統一共具有 n 個狀態。這些狀態代表的系統運行情況可以劃分為三類不同的類型：正常工作狀態、從失效恢復到運行不佳的狀態（稱作中間狀態）和完全失效的狀態。系統由於退化等因素會從正常工作狀態變為中間狀態，會由於受到損壞變為完全失效狀態。同時，系統也會因為修復或自恢復能力從中間狀態變為正常工作狀態。

② 為了計算的簡便，將系統的狀態空間記為 $S=\{1,2,\cdots,n\}$，那麼 S 可以劃分為三個狀態子集，$S=A\cup B\cup C$，且記

$$A=\{1,2,\cdots,k_A\},B=\{k_A+1,k_A+2,\cdots,k_B\},C=\{k_B+1,k_B+2,\cdots,k_C\}$$

式中，k_A、k_B、k_C 為系統在三個狀態子集中具有的狀態個數。

③ 記多態系統在狀態 i 時的性能值為 q_i，$i=1,\cdots,n$。q_i 的值已經進行了標準化，於是 $0\leqslant q_i\leqslant 1$。由於系統在狀態子集 A 中是正常工作的，那麼 $q_j=1,j=1,2,\cdots,k_A$。

④ 記系統在狀態子集 A、B、C 中的性能值分別為 q_A、q_B、q_C，並且子集中的狀態分別獨立，那麼可以得到每個子集中系統的性能值為：

$$q_A=\frac{1}{k_A}\sum_{i=1}^{k_A}q_i=1,q_B=\frac{1}{k_B}\sum_{i=1}^{k_B}q_i,q_C=\frac{1}{k_C}\sum_{i=1}^{k_C}q_i$$

⑤ 我們假定系統在每個狀態停留的時間服從指數分布，並且，在初始時刻，系統是全新的，即系統處於完全正常工作的狀態。多態系統的運行過程由一個連續時間的馬爾可夫過程 $\{X(t),t\geqslant 0\}$ 刻劃，其狀態空間為 $S=\{1,2,\cdots,n\}$，馬爾可夫過程的狀態轉移率矩陣記為 $\boldsymbol{Q}$。

3.3.2 系統彈性建模與指標推導

在本節中，我們先將基於 Bruneau 等[38] 的彈性三角定義給出 3.3.1 節的多態系統定義的彈性指標，然後運用聚合隨機過程的理論對彈性指標進行分析與推導計算。

(1) 多態系統彈性建模與指標定義

按照 Bruneau 教授的觀點，系統彈性受到系統魯棒性、快速性、資源充足程度以及系統冗餘程度四方面因素的影響[38]，系統的彈性可以由系統性能的變化曲線定義，如下式所示：

$$\mathbb{R}_1=\int_{t_0}^{t_1}[1-Q(t)]\mathrm{d}t \tag{3.5}$$

式中，$Q(t)$ 為歸一化後的系統性能參數；t_0 為系統受到擾動發生性能降級的時間；t_1 為系統恢復完成的時間。

彈性三角指標的物理意義是系統的理想狀態與實際系統性能變化曲線所圍成的面積（圖 3.3 中陰影部分），衡量的是由於系統受到擾動影響所造成的損失，如圖 3.3 所示。

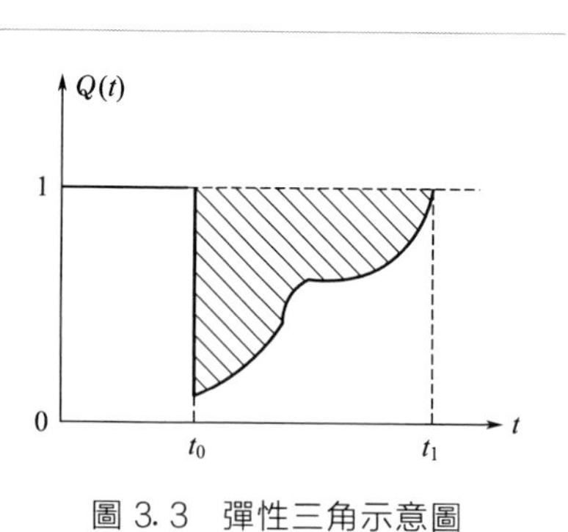

圖 3.3 彈性三角示意圖

基於以上彈性三角的定義，我們針對 3.3.1 節所述的多態系統，記系統在三個狀態子集中停留的時間為 $T_i(i=A,B,C)$，其性能分別為 q_i $(i=A,B,C)$。於是，我們給出一種新的系統彈性指標如下：

$$\mathbb{R}_\mathrm{d}=\frac{\sum_{i=A,B,C} q_i T_i}{\sum_{i=A,B,C} T_i} \tag{3.6}$$

式中，分子部分表示系統在每種狀態子集中的性能與停留時間的乘積之和，見圖 3.4 中的陰影部分；分母部分表示系統一直處於完好工作的情況。

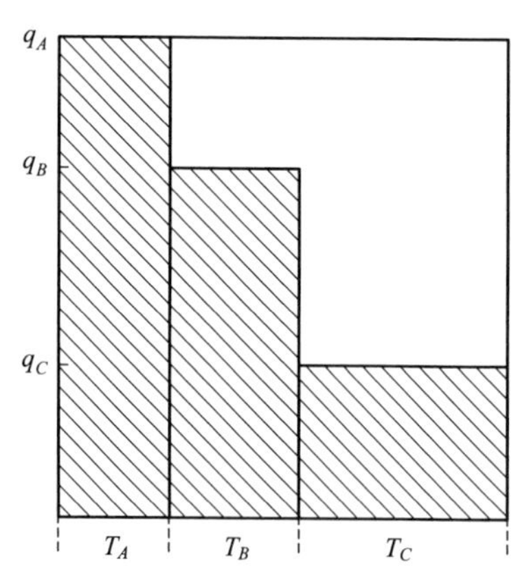

圖 3.4 新定義下的多態系統彈性指標示意圖

根據式(3.6) 定義的彈性指標，可以知道 $0\leqslant\mathbb{R}_\mathrm{d}\leqslant1$，並且，$\mathbb{R}_\mathrm{d}$ 越大，則表示多態系統具有越好的彈性。

可以看出，我們已經對彈性指標進行了標準歸一化的處理，彈性三角定義本質上表徵的是圖 3.4 中空白部分的面積。我們給出的新的系統彈性指標的定義實質上是基於彈性三角定義的創新與拓展。

(2) 多態系統彈性指標的推導

由前面內容定義的彈性指標，可以知道 $\mathbb{R}_d$ 本質上是一個隨機變數。於是對 $\mathbb{R}_d$ 的分析即為推導得到其累積機率分布函數。下面採用聚合隨機過程的方法展開推導。

已知馬爾可夫過程 $\{X(t), t \geqslant 0\}$ 的狀態空間為 S。記其初始機率矢量為 $\boldsymbol{\Phi}$，轉移率矩陣為 $\boldsymbol{Q}$，且在初始時刻系統處於全新狀態，即 $\boldsymbol{\Phi}=[1, 0, \cdots, 0]_{1\times n}$。

根據多態系統的假設，系統狀態空間被劃分為三類，於是馬爾可夫過程 $\{X(t), t \geqslant 0\}$ 的轉移率矩陣 $\boldsymbol{Q}$ 也可以寫成如下分塊矩陣：

$$\boldsymbol{Q}=\begin{bmatrix} \boldsymbol{Q}_{AA} & \boldsymbol{Q}_{AB} & \boldsymbol{Q}_{AC} \\ \boldsymbol{Q}_{BA} & \boldsymbol{Q}_{BB} & \boldsymbol{Q}_{BC} \\ \boldsymbol{Q}_{CA} & \boldsymbol{Q}_{CB} & \boldsymbol{Q}_{CC} \end{bmatrix} \tag{3.7}$$

可以得到一個用於描述系統在 A、B、C 之間轉換的隨機過程 $\{Y(t), t \geqslant 0\}$，它是基於馬爾可夫過程得到的聚合隨機過程，並且 $\{Y(t), t \geqslant 0\}$ 的本質不再是馬爾可夫過程，而是一個半馬爾可夫過程。$\{Y(t), t \geqslant 0\}$ 的特性由其半馬爾可夫核 $\boldsymbol{G}(t)$ 決定，$\boldsymbol{G}(t)$ 是一個轉移矩陣，可以寫成如下形式：

$$\boldsymbol{G}(t)=\begin{bmatrix} \boldsymbol{0} & \boldsymbol{G}_{AB}(t) & \boldsymbol{G}_{AC}(t) \\ \boldsymbol{G}_{BA}(t) & \boldsymbol{0} & \boldsymbol{G}_{BC}(t) \\ \boldsymbol{G}_{CA}(t) & \boldsymbol{G}_{CB}(t) & \boldsymbol{0} \end{bmatrix}$$

為了得到彈性指標 $\mathbb{R}_d$ 的累積機率分布函數，我們分析半馬爾可夫核 $\boldsymbol{G}(t)$，其矩陣元素可以根據文獻 [9] 求出。

先給出一個矩陣 $\boldsymbol{P}_{AA}(t)$ 的定義：

$$\boldsymbol{P}_{AA}(t)=[{}^{A}p_{ij}(t)]_{|A|\times|A|}=\exp(\boldsymbol{Q}_{AA}t)$$

其中，${}^{A}p_{ij}(t)=P\{$系統從 0 到 t 時刻停留在子集 A 中，而時刻 t 在狀態 j | 時刻 0 在狀態 $i\}$，i，$j\in A$，$|A|$ 指集合 A 中元素的個數。

那麼

$$\boldsymbol{G}_{AB}(t)=\boldsymbol{P}_{AA}(t)\boldsymbol{Q}_{AB}$$

矩陣 $\boldsymbol{G}_{AB}(t)$ 中的元素為 $g_{ij}(t)$，$i\in A$，$j\in B$，其定義如下：

$g_{ij}(t)=\lim\limits_{\Delta t\to\infty} P$ {系統從 0 到 t 時刻停留在子集 A 中，而在時刻 t 到

$t+\Delta t$ 離開子集 A 進入狀態 j | 時刻 0 在狀態 $i\}/\Delta t$。

$\boldsymbol{P}_{AA}(t)$ 和 $\boldsymbol{G}_{AB}(t)$ 的拉普拉斯變換如下：

$$\boldsymbol{P}_{AA}^{*}(s)=(s\boldsymbol{I}-\boldsymbol{Q}_{AA})^{-1} \tag{3.8}$$

$$\boldsymbol{G}_{AB}^{*}(s)=(s\boldsymbol{I}-\boldsymbol{Q}_{AA})^{-1}\boldsymbol{Q}_{AB} \tag{3.9}$$

式中，$\boldsymbol{I}$ 為單位矩陣。此外，可以得到：

$$\int_0^{\infty} g_{ij}(t)\mathrm{d}t=P\{\text{停留在狀態 } j \mid \text{開始於狀態 } i\}=g_{ij}^{*}(0), i\in A, j\in B$$

其中，$g_{ij}^{*}(0)$ 是 $\boldsymbol{G}_{AB}^{*}(0)$ 中的元素。

於是，將 $g_{ij}(t)$ 進行歸一化得到標準的機率密度函數為：

$$\frac{g_{ij}(t)}{\int_0^{\infty} g_{ij}(t)\mathrm{d}t}=\frac{g_{ij}(t)}{g_{ij}^{*}(0)}$$

根據以上理論，下面可以對多態系統的彈性指標 $\mathbb{R}_{\mathrm{d}}$ 進行累積機率分布函數的推導。

由於式(3.6) 定義的彈性指標 $\mathbb{R}_{\mathrm{d}}$ 包含了三個隨機變數 T_A、T_B、T_C，所以，我們需要先對 T_A、T_B、T_C 的機率密度函數進行推導，進而才能推導得到彈性指標 $\mathbb{R}_{\mathrm{d}}$ 的累積機率分布函數。

將 T_A、T_B、T_C 的機率密度函數記為 $f_A(t)$、$f_B(t)$、$f_C(t)$。根據聚合隨機過程，結合多態系統的特性，我們可以推導得到 $f_A(t)$、$f_B(t)$、$f_C(t)$ 的拉普拉斯變換如下：

$$f_A^{*}(s)=\pi_B\boldsymbol{Q}_{BA}\boldsymbol{G}_{AB}^{*}(s)u_B \tag{3.10}$$

$$f_B^{*}(s)=\pi_A\boldsymbol{Q}_{AB}\boldsymbol{G}_{BA}^{*}(s)u_A+\pi_A\boldsymbol{Q}_{AB}\boldsymbol{G}_{BC}^{*}(s)u_C+\pi_C\boldsymbol{Q}_{CB}\boldsymbol{G}_{BA}^{*}(s)u_A+\pi_C\boldsymbol{Q}_{CB}\boldsymbol{G}_{BC}^{*}(s)u_C \tag{3.11}$$

$$f_C^{*}(s)=\pi_B\boldsymbol{Q}_{BC}\boldsymbol{G}_{CB}^{*}(s)u_B \tag{3.12}$$

式中，π_A、π_B、π_C 是狀態子集 A、B、C 的穩態機率。於是，可以得到

$$\boldsymbol{G}_{BA}^{*}(s)=(s\boldsymbol{I}-\boldsymbol{Q}_{BB})^{-1}\boldsymbol{Q}_{BA} \tag{3.13}$$

$$\boldsymbol{G}_{BC}^{*}(s)=(s\boldsymbol{I}-\boldsymbol{Q}_{BB})^{-1}\boldsymbol{Q}_{BC} \tag{3.14}$$

$$\boldsymbol{G}_{CB}^{*}(s)=(s\boldsymbol{I}-\boldsymbol{Q}_{CC})^{-1}\boldsymbol{Q}_{CB} \tag{3.15}$$

式中，u_A、u_B、u_C 分別是具有 $|A|$、$|B|$、$|C|$ 個 1 的列矢量。

系統穩態機率 π_A、π_B、π_C 可以根據下面的方程組求出：

$$\begin{cases}[\pi_1,\pi_2,\pi_3,\pi_4]\boldsymbol{Q}=[0,0,0,0]\\ \pi_1+\pi_2+\pi_3+\pi_4=1\end{cases}$$

接下來，將所得的參數結果代入式(3.10)～式(3.12)，對它們做反拉

普拉斯變換，可以得到 T_A、T_B、T_C 的機率密度函數 $f_A(t)$、$f_B(t)$，$f_C(t)$ 如下：

$$f_A(t)=\frac{\mathcal{L}^{-1}f_A^*(s)}{\int_0^\infty \mathcal{L}^{-1}f_A^*(s)\mathrm{d}t},\ f_B(t)=\frac{\mathcal{L}^{-1}f_B^*(s)}{\int_0^\infty \mathcal{L}^{-1}f_B^*(s)\mathrm{d}t},$$

$$f_C(t)=\frac{\mathcal{L}^{-1}f_C^*(s)}{\int_0^\infty \mathcal{L}^{-1}f_C^*(s)\mathrm{d}t}$$

根據上式的結果，代回多態系統彈性指標的定義式(3.6)，再結合蒙特卡羅模擬方法，即可求得彈性指標 $\mathbb{R}_\mathrm{d}$ 的累積機率分布函數。

3.3.3 數值算例

前面我們已經對多態系統進行了彈性建模並給出了系統的彈性指標 $\mathbb{R}_\mathrm{d}$，而關於指標 $\mathbb{R}_\mathrm{d}$ 的計算是結合了理論推導與蒙特卡羅模擬方法。本節將對此給出一個數值算例，從而解釋彈性指標的計算並給出相應的計算結果。

給定一個馬爾可夫過程$\{X(t),t\geqslant 0\}$刻劃多態系統，系統一共具有 4 個狀態，即$\{X(t),t\geqslant 0\}$的狀態空間為 $S=\{1,2,3,4\}$，並且，將系統的狀態空間劃分為三類狀態子集，記為 $S=A\cup B\cup C=\{1\}\cup\{2,3\}\cup\{4\}$。

假定系統在各個狀態時性能取值為

$$q_1=1,q_2=0.6,q_3=0.4,q_4=0$$

那麼，可以得到系統在三個狀態子集的性能依次為

$$q_A=1,q_B=\frac{0.6+0.4}{2}=0.5,q_C=0$$

對於馬爾可夫過程$\{X(t),t\geqslant 0\}$，其狀態轉移率矩陣為

$$\boldsymbol{Q}=\begin{bmatrix}-3 & 3 & 0 & 0\\ 4 & -5 & 1 & 0\\ 0 & 2 & -4 & 2\\ 0 & 0 & 6 & -6\end{bmatrix}$$

那麼，式(3.7) 分塊矩陣中的矩陣分別為

$$\boldsymbol{Q}_{AA}=[-3],\boldsymbol{Q}_{AB}=[3\quad 0],\boldsymbol{Q}_{BA}=\begin{bmatrix}4\\0\end{bmatrix}$$

$$\boldsymbol{Q}_{BB}=\begin{bmatrix}-5 & 1\\ 2 & -4\end{bmatrix},\ \boldsymbol{Q}_{BC}=\begin{bmatrix}0\\2\end{bmatrix},\ \boldsymbol{Q}_{CB}=[0\quad 6],\ \boldsymbol{Q}_{CC}=[-6]$$

下面計算系統的穩態機率 π_1、π_2、π_3、π_4，可以解如下的方程組：

$$\begin{cases}[\pi_1,\pi_2,\pi_3,\pi_4]\boldsymbol{Q}=[0,0,0,0],\\ \pi_1+\pi_2+\pi_3+\pi_4=1\end{cases}$$

得到計算結果為

$$\pi_1=4/9,\pi_2=1/3,\pi_3=1/6,\pi_4=1/18$$

因此，得

$$\pi_A=\left[\frac{4}{9}\right],\pi_B=\left[\frac{1}{3}\quad\frac{1}{6}\right],\pi_C=\left[\frac{1}{18}\right]$$

根據式(3.9) 以及式(3.13)～式(3.15)，可以計算得出 $\boldsymbol{G}_{AB}^{*}(s)$、$\boldsymbol{G}_{BA}^{*}(s)$、$\boldsymbol{G}_{BC}^{*}(s)$ 和 $\boldsymbol{G}_{CB}^{*}(s)$。將它們代入式(3.10)～式(3.12)，就可以得到 $f_A^{*}(s)$、$f_B^{*}(s)$ 和 $f_C^{*}(s)$。

此外，有

$$u_A=[1],u_B=\begin{bmatrix}1\\1\end{bmatrix},u_C=[1]$$

於是，能夠計算得出 T_A、T_B、T_C 的機率密度函數為

$$f_A(t)=3\mathrm{e}^{-3t},f_B(t)=\frac{12}{5}\mathrm{e}^{-3t}+\frac{6}{5}\mathrm{e}^{-6t},f_C(t)=6\mathrm{e}^{-6t}$$

之後，結合蒙特卡羅模擬方法，對於 T_A、T_B、T_C 運用以上推導得到的機率密度函數，都採用 10^4 的隨機樣本，最終計算得到式(3.6)中關於多態系統的新彈性指標 $\mathbb{R}_\mathrm{d}$ 的累積機率分布函數，如圖 3.5 所示。此外，還可以計算得到多態系統的新彈性指標 $\mathbb{R}_\mathrm{d}$ 這個隨機變數的均值和方差分別為：$\overline{\mathbb{R}_\mathrm{d}}=0.39$，$\hat{\sigma}=0.27$。

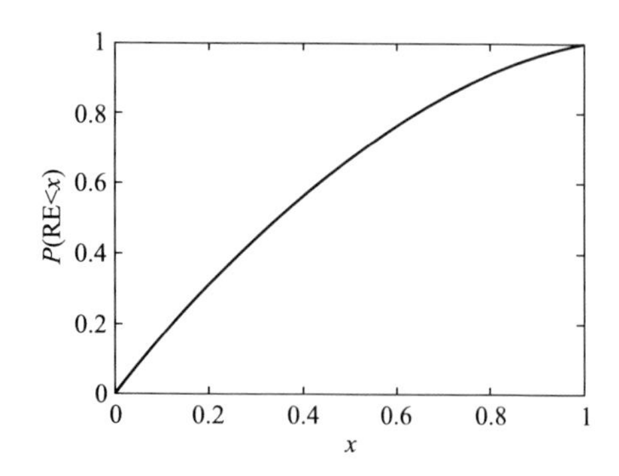

圖 3.5　多態系統的新彈性指標 $\mathbb{R}_\mathrm{d}$ 的累積機率分布函數

x—彈性閾值，0< x< 1，反映用户對彈性值的要求；

P—彈性（RE）小於 x 的機率

3.4 兩類具體多態系統彈性建模

前面的內容針對一般化的多態系統進行了彈性建模與分析。在本節中，將以兩類具體的多態系統為例，簡要介紹兩類系統彈性建模的技術途徑與方案。

3.4.1 基於負載-容量模型的多態系統彈性分析

基於負載-容量模型的多態系統是工程中常見的一類多態可修系統模型，其中，系統的行為是由負載與容量之間的相對關係決定的：當負載超過容量時，系統性能逐漸降級；當負載卸去時，系統性能逐漸恢復正常。

下面以一個實際複雜工程系統——某網路功能虛擬化（NFV）通訊原型系統為例，對所提出的基於負載-容量模型的多態系統彈性建模與分析進行應用研究。該系統基於虛擬化技術實現現有技術條件下由硬體設備實現的通訊功能，具有很高的可靠性與可擴展性。由於該系統採用了虛擬化硬體技術，其性能主要受到負載（用户數量）的影響。當負載超過系統目前的功能時，能夠自動配置系統資源，增加系統的容量，以實現系統性能的快速恢復。

基於前面建立的共性方法，針對網路功能虛擬化通訊原型系統，這一基於負載-容量模型的多態系統，可以採取如下的技術路徑與方案，對系統進行彈性建模與分析。

（1）透過狀態聚合，構建聚合隨機過程描述系統狀態變化

假設系統的容量與負載分別以狀態離散、時間連續的隨機過程 $\{C(t),t\geqslant 0\}$、$\{L(t),t\geqslant 0\}$ 來表示。為了說明的方便，本項目假定容量與負載兩個隨機變數的狀態空間都各有兩個狀態，分別記為 $S_{C(t)}=\{c_{高},c_{低}\}$，$S_{L(t)}=\{l_{高},l_{低}\}$。根據容量與負載的組合情況，可以共產生 4 種組合狀態，分別記為：

$$s_1=\{C(t)=c_{高},L(t)=l_{低}\},s_2=\{C(t)=c_{高},L(t)=l_{高}\}$$
$$s_3=\{C(t)=c_{低},L(t)=l_{低}\},s_4=\{C(t)=c_{低},L(t)=l_{高}\}$$

則用隨機過程 $\{X(t),t\geqslant 0\}$ 描述系統的運行情況，其狀態空間為 $S=\{s_1,s_2,s_3,s_4\}$。

透過系統運行邏輯分析，可以進行狀態聚合，遵循以下規則：

$J_1=\{s_1\}$，$J_2=\{s_2,s_3\}$，$J_3=\{s_4\}$，從而得到描述系統狀態變化的新的隨機過程$\{X^{aggr}(t),t\geqslant 0\}$，即聚合隨機過程，其狀態空間為$S^{aggr}=\{J_1,J_2,J_3\}$。聚合隨機過程的狀態$J_1$表示系統處於功能完好狀態；狀態$J_2$表示系統處於彈性狀態或功能降級狀態；狀態$J_3$表示系統處於喪失功能狀態。描述系統的原隨機過程與聚合隨機過程的運行軌跡如圖 3.6 所示。

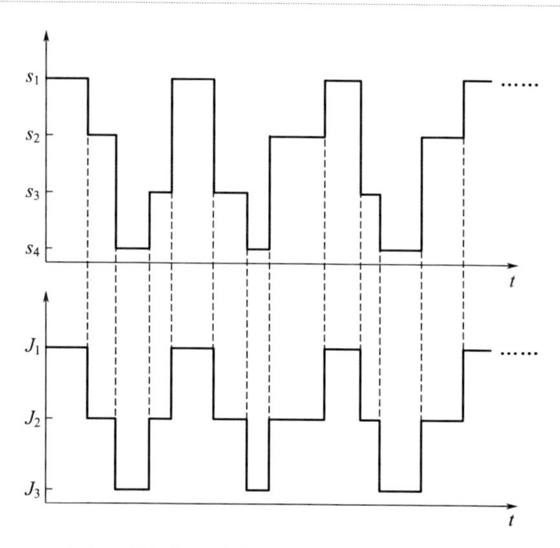

圖 3.6　描述系統的原隨機過程與聚合隨機過程的運行軌跡

(2) 計算各狀態停留時間

基於原隨機過程$\{X(t),t\geqslant 0\}$的相關資訊，推導描述系統狀態的聚合隨機過程$\{X^{aggr}(t),t\geqslant 0\}$在各狀態停留時間的機率分布，即確定式(3.6)中的T_i，$1\leqslant i\leqslant n$的機率分布。需要應用離子通道建模理論中的聚合隨機過程理論來解決這一問題。

(3) 計算基於負載-容量模型的多態系統彈性指標

在計算得到的T_i，$1\leqslant i\leqslant n$的機率分布的基礎上，依據式(3.6)，給出基於負載-容量模型的多態系統彈性指標計算方法。

(4) 彈性影響因素分析

應用多態系統彈性影響因素分析方法，考慮基於負載-容量模型的多態系統的具體特點，分析確定基於負載-容量模型的多態系統彈性的主要影響因素，並給出提升該系統彈性的最佳方案。

綜上，對於該系統的彈性建模與分析實施步驟如圖 3.7 所示。

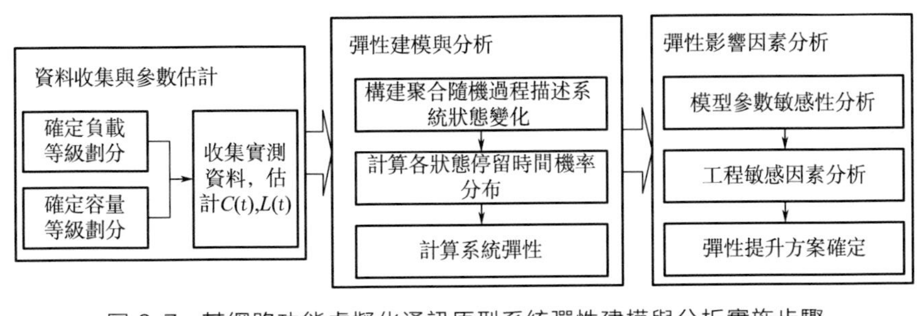

圖 3.7 某網路功能虛擬化通訊原型系統彈性建模與分析實施步驟

3.4.2 恢復時間可忽略的多態系統彈性分析

恢復時間可忽略的多態系統是工程中常見的一類多態可修系統模型，其中，當系統狀態發生降級時，則系統處於降級態，表示系統具有可恢復的彈性特徵。如果恢復時間短於某一閾值，用户不會感覺到系統狀態的變化，因此，可以忽略系統狀態的這一次變化。

下面以一個實際複雜工程系統——某雙活雲端資料中心為例，對所提出的恢復時間可忽略的多態系統彈性建模與分析進行應用研究。雙活雲端資料中心的顯著特點是兩個資料中心同時運行、互為備份，同時透過雲端運算技術實時共享服務資源。當資料中心發生性能降級時，如果能夠在短時間內恢復，則訪問資料中心的用户並不會感覺到降級的存在，因此，可以忽略這一降級狀態。而雙活雲端資料中心實時共享服務資源的特點，大大提高了系統的快速恢復能力，從而提高了系統的彈性。

基於前面建立的共性方法，針對雙活雲端資料中心，這一恢復時間可忽略的多態系統可以採取如下的技術路徑與方案對系統進行彈性建模與分析。

（1）透過狀態聚合，構建聚合隨機過程描述系統狀態變化

根據恢復時間可忽略的多態可修系統的特點，透過狀態聚合，構建聚合隨機過程描述系統狀態的變化。對於此類系統，如果恢復時間短於給定的閾值，則認為系統的性能降級狀態可以忽略。因此，擬採用如圖 3.8 所示的方法，對系統狀態進行聚合，以描述系統狀態的變化規律。

這裡，出於說明簡單的需要，此處僅假設系統具有三類狀態（即性

能完好狀態 S_1、系統彈性狀態 S_2 以及功能喪失狀態 S_3）來示意擬採用的狀態聚合方法。若系統在彈性狀態 S_2 停留的時間（即為恢復時間）小於給定的閾值 τ，那麼用户體驗或觀測時不能辨識出該狀態的存在，即恢復時間可忽略，從而觀測到的系統具有三類新的狀態 S_1^{aggr}、S_2^{aggr}、S_3^{aggr}，即為聚合隨機過程的狀態空間。

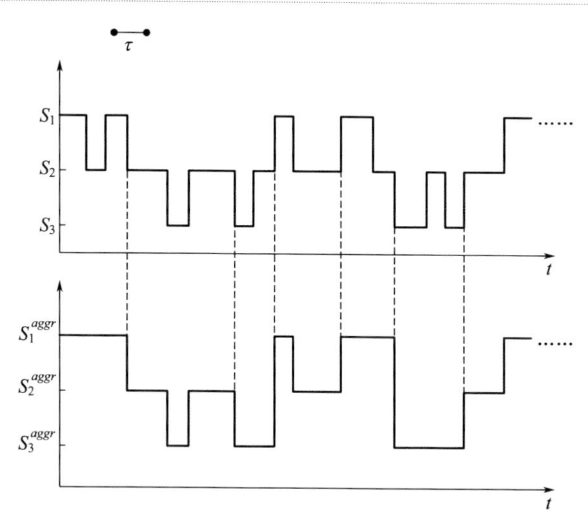

圖 3.8　恢復時間可忽略的多態可修系統聚合原理示意

(2) 計算各狀態停留時間

基於原隨機過程$\{X(t),t\geqslant 0\}$的相關資訊，推導狀態聚合後，描述系統狀態的聚合隨機過程$\{X^{aggr}(t),t\geqslant 0\}$在各狀態停留時間的機率分布，即確定式(3.6) 中的 T_i，$1\leqslant i\leqslant n$ 的機率分布，其中需要應用離子通道建模理論中的聚合隨機過程理論。

(3) 計算恢復時間可忽略的多態系統彈性指標

在計算得到的 T_i，$1\leqslant i\leqslant n$ 的機率分布的基礎上，按照式(3.6)，給出基於負載-容量模型的多態系統彈性指標計算方法。

(4) 彈性影響因素分析

應用多態可修系統彈性影響因素分析方法，考慮恢復時間可忽略的多態系統的具體特點，分析確定恢復時間可忽略的多態系統彈性的主要影響因素，並給出提升該系統彈性的最佳方案。

綜上，對於某雙活雲端資料中心的彈性建模與分析實施步驟如圖 3.9 所示。

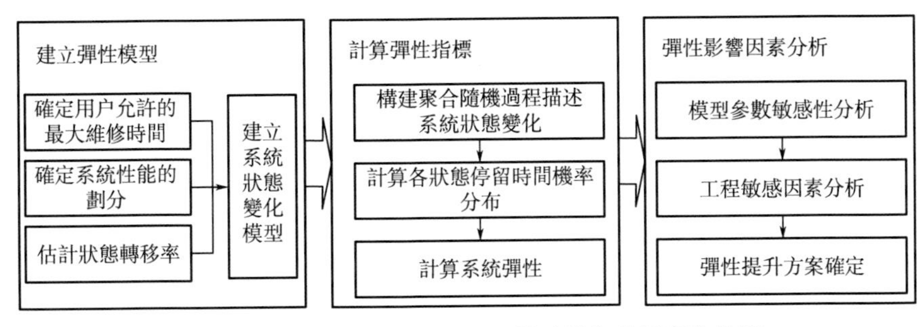

圖 3.9 某雙活雲端資料中心彈性建模與分析實施步驟

參考文獻

[1] Lisnianski A, Levitin G. Multi-state system reliability, assessment, optimization and application [M]. Singapore: World Scientific Publishing, 2003.

[2] 李春洋. 基於多態系統理論的可靠性分析與優化設計方法研究[M]. 長沙: 國防科技大學, 2001.

[3] 劉宇. 多狀態複雜系統可靠性建模及維修決策[D]. 成都: 電子科技大學, 2011.

[4] Zio E. Reliability engineering: old problems and new challenges[J]. Reliability Engineer & System Safety, 2009, 94 (2): 125-141.

[5] Der Kiureghian A, Ditlevsen O D, Song J. Availability, reliability and downtime of systems with repairable components[J]. Reliability Engineering & System Safety, 2007, 92 (2): 231-242.

[6] Moghaddass R, Zuo M J, Qu J. Reliability and availability analysis of a repairable k-out-of-n: G system with R repairmen subject to shut-off rules[J]. IEEE Transactions on Reliability, 2011, 60 (3): 658-666.

[7] Cekyay B, Özekici S. Reliability, MTTF and steady-state availability analysis of systems with exponential lifetimes [J]. Applied Mathematical Modelling, 2015, 39 (1): 284-296.

[8] Colquhoun D, Hawkes A G. Relaxation and fluctuations of membrane currents that flow through drug-operated channels[J]. Proceedings of the Royal Society of London-Biological Sciences, 1977, 199 (1135): 231-262.

[9] Colquhoun D, Hawkes A G. On the stochastic properties of bursts of single ion channel openings and of clusters of bursts [J]. Philosophical Transactions of the Royal Society of London. Series B: Biological Sciences, 1982, 300 (1098): 1-59.

[10] 楊寶峰. 離子通道藥理學[M]. 北京: 人民

衛生出版社，2005.

[11] 李泱，程芮．離子通道學[M]. 武漢：湖北科學技術出版社，2007.

[12] 劉向明．PC12 細胞鉀離子通道門控動力學隨機建模與參數估計[J]. 生物數學學報，1998，13（3）：372-376.

[13] 方積乾，劉向明．離子通道門控動力學研究[J]. 中山醫科大學學報，1999，20（1）：9-11.

[14] 向緒言．離子通道 Markov 模型的 Q 矩陣確定與生物神經網路的學習[D]. 長沙：湖南師範大學，2007.

[15] Hawkes A G，Jalali A，Colquhoun D. The distributions of the apparent open times and shut times in a single channel record when brief events cannot be detected[J]. Philosophical Transactions of the Royal Society of London Series A，1990（332）：511-538.

[16] Hawkes A G，Jalali A，Colquhoun D. Asymptotic distributions of apparent open times and shut times in a single channel record allowing for the omission of brief currents[J]. Philosophical Transactions of the Royal Society of London Series B，1992（337）：383-404.

[17] Colquhoun D，Hawkes A G，Srodzinski K. Joint distributions of apparent open and shut times of single-ion channels and maximum likelihood fitting of mechanisms[J]. Philosophical Transactions of the Royal Society of London Series A，1996（354）：2555-2590.

[18] Stadje W. The evolution of aggregated Markov chains[J]. Statistics & Probability Letters，2005，74（4）：303-311.

[19] 馮海林. 網路系統中可靠性問題的研究[D]. 西安：西安電子科技大學，2004.

[20] 郭永基．可靠性工程原理[M]. 北京：清華大學出版社，施普林格出版社，2002.

[21] Ball F，Milne R K，Yeo G F. Stochastic models for systems of interacting ion channels[J]. Mathematical Medicine and Biology：A Journal of the IMA，2000，17（3）：263-293.

[22] Jalali A，Hawkes A G. Generalised eigen problems arising in aggregated Markov processed allowing for time interval omission[J]. Advances in Applied Probability，1992，24（2）：302-321.

[23] Merlushkin A，Hawkes A G. Stochastic behavior of ion channels in varying conditions[J]. Mathematical Medicine and Biology：A Journal of the IMA，1996，14：1-26.

[24] Zheng Z H，Cui L R，Hawkes A G. A study on a single-unit Markov repairable system with repair time omission[J]. IEEE Transactions on Reliability，2006，55（2）：182-188.

[25] Bao X Z，Cui L R. An analysis of availability for series Markov repairable system with neglected or delayed failures[J]. IEEE Transactions on Reliability，2010，59（4）：734-743.

[26] 王麗英．狀態聚合可修系統建模與可靠性分析[D]. 北京：北京理工大學，2011.

[27] Liu B L，Cui L R，Wen Y Q，et al. A performance measure for Markov system with stochastic supply patterns and stochastic demand patterns[J]. Reliability Engineering & System Safety，2013，119：294-299.

[28] Hawkes A G，Cui L R，Zheng Z H. Modeling the evolution of system reliability performance under alternative environments[J]. IIE Transactions，2011，43（11）：761-772.

[29] Cui L R，Li H J，Li J L. Markov repairable systems with history-dependent up and down states[J]. Stochastic Models，2007，23（4）：665-681.

[30] Wang L Y, Cui L R. Aggregated semi-Markov repairable systems with history-dependent up and down states [J]. Mathematical and Computer Modelling, 2011, 53 (5-6): 883-895.

[31] Wang L Y, Cui L R. Performance evaluation of aggregated Markov repairable systems with multi-operating levels [J]. Asia-Pacific Journal of Operational Research, 2013, 30 (4): 135003: 1-27.

[32] Cui L R, Du S J, Hawkes A G. A study on a single-unit repairable system with state aggregations [J]. IIE Transactions, 2012, 44 (11): 1022-1032.

[33] Cui L R, Du S J, Zhang A. Reliability measures for two-part partition of states for aggregated Markov repairable systems [J]. Annals of Operations Research, 2014, 212 (1): 93-114.

[34] Du S J, Zeng Z, Cui L R, et al. Reliability analysis of Markov history-dependent repairable systems with neglected failures[J]. Reliability Engineering & System Safety, 2017, 159: 134-142.

[35] 張波，商豪．應用隨機過程[M]. 北京：中國人民大學出版社，2009.

[36] Ross S M. Stochastic processes[M]. New York: John Wiley & Sons Inc, 1996.

[37] 曹晋華，程侃．可靠性數學引論[M]. 北京：高等教育出版社，2006.

[38] Bruneau M, Chang S E, Eguchi R T, et al. A framework to quantitatively assess and enhance the seismic resilience of communities [J]. Earthquake Spectra, 2003, 19 (4): 733-752.

第4章

面向彈性的部件重要性分析

4.1 研究背景

考慮到不同部件在系統彈性中具有不同的作用，在對複雜系統的彈性進行規劃和設計時，將有限的資源分配給對系統彈性有顯著影響的部件是十分重要的。因此，對複雜系統彈性的設計應考慮部件狀態的變化對系統性能的影響，即重要性度量[1,2]。根據部件重要性度量結果，可按其對系統彈性影響的大小進行排序，分析系統對於擾動的敏感性，進而幫助提升系統的安全性和可用性[3]。

一般來說，部件重要性的研究主要在可靠性領域中，根據系統結構、部件可靠性/壽命分布等資訊，評估系統中單個部件的相對重要性[2]。Birnbaum（1968）[4] 首次提出了重要性概念，他對二態系統（即系統只有兩種狀態：正常和故障）定義了三種重要性指標，即機率重要性、關鍵重要性和結構重要度。1982 年，史定華教授在中國開展重要性分析研究，他提出了重要性的相關定義並提出了機率形式的關鍵重要性和機率重要性的計算方法。同時，史定華教授（1984）[5] 還對單調關聯系統中的部件重要性表示進行了改進，使傳統的單調關聯系統重要性也能適應於非單調關聯系統中。曾亮等（1997）[6] 結合中國內外的研究成果，在二態系統重要性研究的基礎上提出了多態系統的重要性分析方法。畢衛星等（2010）[7] 提出了一種新的聯合關鍵重要性，對系統組成部件之間的內在聯繫進行分析，並根據其關聯性對部件的重要性進行分析。

此外，考慮到數據的不確定性，研究者又針對不確定重要性開展了研究。在考慮多狀態的系統和部件的重要性分析的基礎上，田宏等（2000）[8] 對具有模糊性的工程數據進行分析，提出了多態系統的不確定重要性。Zio 等（2003）[9] 在重要性分析中使用了蒙特卡羅仿真方法，利用系統性能的隨機性來仿真得到系統或組件的狀態機率，對多狀態系統的部件狀態和系統性能狀態之間的關係進行分析，並成功地在核反應堆保護系統中應用了該仿真方法。Borgonovo（2007）[10] 結合了重要性分析方法和全局靈敏度分析方法，重新對不確定重要性進行了定義，為系統安全評估提供了一個全面的分析和評價指標。姚成玉等（2011）[11] 提出了一種基於模糊規則的重要性測度，並根據三種典型規則定義了三種重要性。Song 等（2012）[12] 根據 Borgonovo 提出的重要性評估方法改善了資料處理過程中的不確定性。

總的來說，中國內外在針對重要性分析研究方面，研究對象逐漸從二態系統擴展到多態系統，研究內容從精確到模糊，並且開始注意考慮部件之間的一些相互作用。但是上述這些研究都是在系統結構和可靠性相關特徵數據的基礎上開展的，針對彈性的重要性研究尚不多見。在這方面 Whitson 和 Ramirez-Marquez（2009）[13] 定義了Ⅰ類彈性作為重要性度量，用於度量系統在規定時間內，由於外部原因（如人為攻擊、自然災難等）導致部件故障的情況下，系統完成其規定功能的機率。與基於可靠性的重要性概念相比較，其區別主要是故障來源，基於可靠性的重要性中部件故障來源於內部耗損，而 Whitson 和 Ramirez-Marquez 定義的Ⅰ類彈性中，導致部件故障的原因則來源於外部的人為或自然事件，這一度量關注了系統能否抵禦擾動的能力。Barker 等（2013）[14] 在此基礎上又定義了兩個新的部件重要性指標：一個反映了部件在給定時間受到給定擾動的情況下對系統彈性造成的不利影響，同時考慮了部件性能損失和性能恢復；另一個則反映了如果這個部件受到保護，擾動情況下不產生性能降級，對系統恢復時間能帶來的有利影響。從上述研究可知，基於彈性的部件重要性研究尚處於起步階段，僅考慮了與彈性相關的性能損失、恢復時間單個方面或組合的因素，卻沒有考慮彈性度量整體。

本章從彈性力學的角度提出了基於性能降級和恢復時間上限的彈性度量，並在此基礎上定義了三種基於彈性的重要性定義，用於表徵部件與系統之間的彈性關係。根據本章的重要性分析方法，可以定量地對系統組成部件對系統整體彈性的影響程度進行分析，能夠有效地確定系統中的薄弱環節，從而高效地改善和提高系統在發生故障時表現出的彈性[15-17]。

4.2 彈性度量

在彈性力學中，有一個「彈性極限」的概念，如果系統受力在彈性極限範圍內，則在外力撤除後，可以恢復原有狀態；反之，如果系統受力超過彈性極限，則無法恢復。類似地，在系統故障的研究中，也存在性能降級和恢復時間閾值的情況。這裡，我們提出彈性極限的定義，並以此為基礎定義了考慮塑性的系統彈性度量。

4.2.1 系統彈性極限和塑性行為

借鑑 Li 和 Lence（2007）[18] 對系統魯棒性和恢復性閾值的定義，這裡我們首先定義彈性極限如下。

定義 4.1 系統的彈性極限 K 為擾動後能使系統自主恢復到正常工作狀態的性能降級上限 X^* 和可接受的恢復時間上限 T^*。

系統的彈性極限可作為系統受擾動後所處狀態的判別。按照彈性極限的定義，當且僅當下列兩個條件同時滿足時系統具有彈性：①擾動發生時系統的最大性能損失 X 小於性能損失閾值 X^*；②系統恢復至正常工作水準所需的時間 T 小於 T^*。反之，如果擾動發生後系統的最大性能損失 X 大於 X^*，或者系統恢復至正常工作水準所需的時間 T 大於 T^*，這時系統不能在規定時間內自主恢復到正常工作狀態，而需要引入系統外部因素來進行恢復，此時系統表現為塑性。

定義 4.2 系統的塑性狀態 P 為系統性能在規定時間 T^* 內未能自主恢復到正常工作水準 Q_0 的狀態。

在實際應用和研究中，系統塑性的表現形式可能是多種多樣的，其既可以表徵系統自身的恢復能力不足，也可以作為一種主動的彈性策略，從而盡量減輕系統在故障發生後造成的損失。

下面用雲端運算平臺為例，解釋彈性和塑性的區別。例如，一個伺服器遭到 DDoS 攻擊時，可能會影響正常請求的響應時間，若此時攻擊沒有超出伺服器的頻關，伺服器可以透過拒絕非法流量來減輕其影響，恢復正常的服務水準，則系統表現為彈性；若惡意的伺服器請求數量過多，造成頻關資源耗盡，伺服器就會發生當機，此時系統進入塑性狀態，需要額外投入資源來進行恢復[19]。某些情況下，塑性也可作為一種主動降級策略，在系統受到擾動時，自動削減部分功能或降低自身性能以限制擾動對系統產生的影響，維持系統結構的穩定和基本業務的正常或低水準營運，從而避免系統大規模災難性故障的發生，同時為故障定位和診斷以及維修爭取時間。例如，在移動通訊網路中，如果一個通訊基站受擾動發生故障，則網路節點減少，該網路難以同時支持附近地區正常的通話和數據業務流量。此時供應商會對數據、簡訊等非保障型業務進行限制，防止業務流量超過負載引發大範圍流量擁塞進而威脅基本的通話業務。這種主動降級策略在互聯網中更加常見，如線上零售商亞馬遜的雲端服務。這是由於在遇到故障時，通常情況下維持雲端服務的降級運行要優於整體服務的中斷。

根據彈性極限的定義，可將系統在故障發生後表現出的彈性和塑性狀態大致分為四種情況，如圖 4.1 所示。其中，圖 4.1(a) 中，系統的最大性能損失 X 未超出 X^*，且系統恢復時間 T 在可接受的恢復時間 T^* 的範圍內，系統受擾動後處於彈性狀態；圖 4.1(b)～(d) 是系統擾動後處於塑性狀態的三種可能情況，其中圖 4.1(b) 是恢復時間 T 超出閾值

T^*，圖 4.1(c) 是最大性能損失 X 超出閾值 X^*，圖 4.1(d) 是系統的最大性能損失和恢復時間均超出各自閾值的情況。

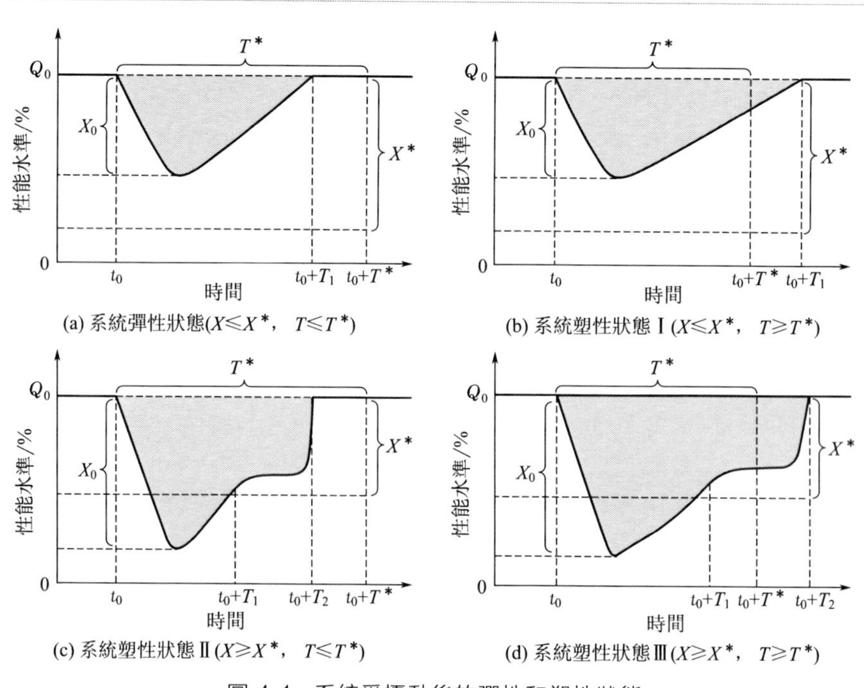

圖 4.1　系統受擾動後的彈性和塑性狀態

4.2.2　考慮塑性的系統彈性度量

為準確描述系統的彈性行為，我們在彈性極限和系統塑性概念的基礎上定義了系統彈性。相對於之前的彈性概念，考慮系統塑性的系統彈性不僅僅關注系統在擾動發生後造成的性能損失和恢復時間，還要關注最大性能降級和恢復時間是否超出了閾值 X^* 和 T^*。

這裡，我們將系統彈性定義如下。

定義 4.3　系統彈性為系統在擾動發生後，能夠承受一定的性能降級，並且能夠在規定的時間內和規定的條件下自主恢復或維修至正常工作水準的一種內在能力。

針對 4.2.1 節給出的系統在擾動發生後可能表現的四種彈性或塑性的狀態（圖 4.1），考慮到系統性能損失和恢復時間的不同，系統彈性 $\mathbb{R}_P$ 可計算如下：

$$\mathbb{R}_{\mathrm{P}}=\begin{cases}\exp\left(-\dfrac{\int_{t_0}^{t_0+T_1}Q(t)\mathrm{d}t}{Q_0T^*}\right),X\leqslant X^*\\ \exp\left(-\dfrac{\int_{t_0}^{t_0+T_2}Q(t)\mathrm{d}t}{Q_0T^*}\right),X>X^*\end{cases}\tag{4.1}$$

式中，Q_0 為系統正常情況下的性能值；X 和 X^* 分別為系統在擾動發生後的最大性能損失以及性能損失閾值；T^* 為系統可接受的恢復時間上限；T_1 和 T_2 分別為系統自主恢復時間和引入外部修復的恢復時間。

式(4.1) 中第一個式子用於計算出現系統的最大性能損失 X 未超出 X^* 時系統的彈性，對應於圖 4.1(a)、(b)；第二個式子則用於計算系統的最大性能損失 X 超出 X^* 系統的彈性，對應於圖 4.1(c)、(d)。透過指數運算，我們把彈性值限定到了 0 和 1 之間。顯然，若在擾動發生後的 T^* 時間內系統未能完全恢復到正常工作狀態，則其彈性值會相對較小。系統彈性值越大，說明該系統的彈性策略越好，容忍外界干擾以及從事件中恢復的能力越強，系統恢復時間大於可接受時間閾值的機率也越小；反之，則說明該系統的彈性策略失敗，不能及時有效地減輕可能發生的事件給系統性能帶來的影響，此時需要對系統的彈性策略進行調整或重新設計。

為了詳細闡述本文提出的考慮塑性的系統彈性評估方法，這裡我們給出兩個彈性計算的例子。

示例 1：在圖 4.2 所示系統中，系統在擾動後的性能降級和恢復過程呈現出階梯狀變化的彈性和塑性過程。這裡，性能降級和系統恢復的變化都是瞬間完成的，系統的恢復過程明顯地劃分為兩個階段。系統相關參數見表 4.1。根據式(4.1)，我們對該系統彈性進行如下評估：

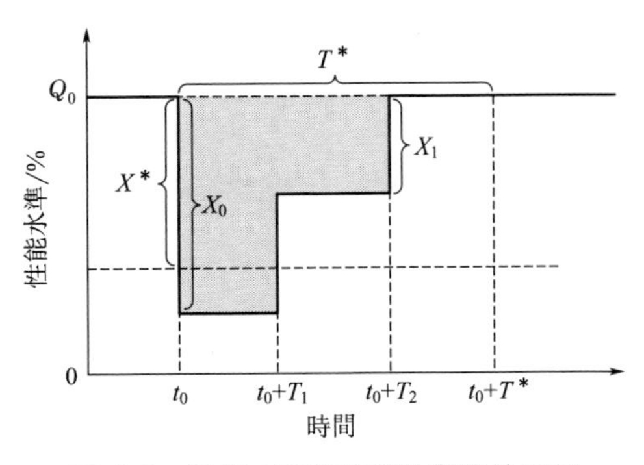

圖 4.2　示例 1 系統的彈性和塑性過程

$$\mathbb{R}_{\mathrm{P}}=\exp\left(-\frac{T_1X_0+(T_2-T_1)X_1}{Q_0T^*}\right)=0.6538$$

表 4.1　示例 1 系統相關參數

參數	X^*	Q_0	X_0	X_1	T^*	t_0	T_1	T_2
數值	0.6	1	0.8	0.35	1	0.2	0.4	0.7

示例 2：在圖 4.3 所示系統中，系統受擾動後性能降級和恢復過程呈折線形連續變化。這裡，系統的恢復過程也是明顯地劃分為兩個階段，前一個階段為系統自主恢復過程，後一個階段為引入人工維修後的恢復過程。系統相關參數如表 4.2 所示。根據式(4.1)，我們對該系統彈性進行如下評估：

$$\mathbb{R}_{\mathrm{P}}=\exp\left(-\frac{X_0T_1+X_1T_2}{2Q_0T^*}\right)=0.6839$$

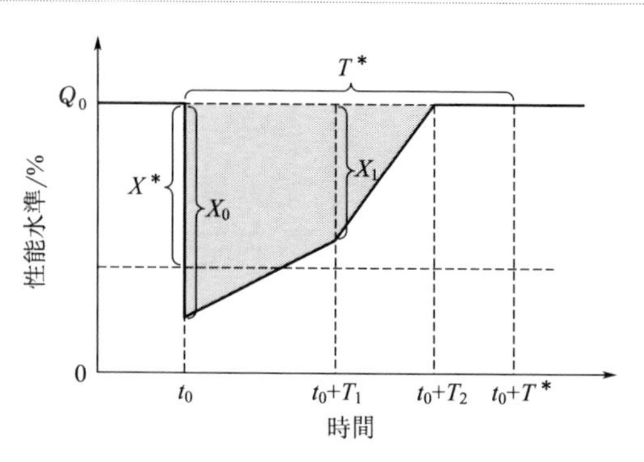

圖 4.3　示例 2 系統的彈性和塑性過程

表 4.2　示例 2 系統相關參數

參數	X^*	Q_0	X_0	X_1	T^*	t_0	T_1	T_2
數值	0.6	1	0.8	0.5	1	0.2	0.45	0.8

4.3 基於彈性的重要性分析

系統的彈性設計與分析中，我們不僅僅要評價系統面對可能遭受的擾動行為的抵禦和恢復水準，還要關注部件、結構對系統彈性的影響。找到對系統彈性影響最大的部件並對其進行改進設計，可有效提高整個系統的彈性水準。在 4.1 節所述研究現狀的基礎上，這裡我們提出了結構彈性重要度、冗餘彈性重要度和保護彈性重要度三種彈性重要性指標。

4.3.1 重要性指標定義

(1) 基於彈性的結構重要性

基於彈性的結構重要性的度量指標是基於彈性的結構重要度，其定義如下。

定義 4.4 基於彈性的結構重要度是部件對系統整體彈性的影響程度。

系統中部件 i 的結構重要度 CIS_i 可表示為：

$$CIS_i=\frac{1}{n-1}\sum_{j=1,j\neq i}^{n}\frac{\mathbb{R}_{\mathrm{P}}(j,W_i=1)-\mathbb{R}_{\mathrm{P}}(j,W_i=0)}{\mathbb{R}_{\mathrm{P}}(j,W_i=1)} \tag{4.2}$$

式中，n 是系統中的部件數；W_i 為部件 i 的工作狀態，$W_i=\begin{cases}0，部件\ i\ 故障\\1，部件\ i\ 正常\end{cases}$；$\mathbb{R}_{\mathrm{P}}(j,W_i=1)$和 $\mathbb{R}_{\mathrm{P}}(j,W_i=0)$分別為系統在部件 i 正常工作和發生故障的情況下，部件 j 受到干擾或攻擊時系統的彈性，其計算公式如下：

$$\mathbb{R}_{\mathrm{P}}(j,W_i=\omega)=\int_0^{m_j}\mathbb{R}_{\mathrm{P}}(s_j=x\mid C_j,W_i=\omega)f_{s_j}(x)\mathrm{d}x \tag{4.3}$$

式中，m_j 為部件 j 所有可能的狀態總數；$\mathbb{R}_{\mathrm{P}}$ $(s_j=x\mid C_j，W_i=\omega)$ 為在部件 i 處於 ω 狀態（$\omega=0$ 或 1）下，部件 j 由正常工作狀態 C_j 轉入任一狀態 x 時系統的彈性，可由式(4.1) 計算；$f_{s_j}(x)$ 為部件 j 由正常工作狀態轉入狀態 x 的機率密度函數。

由此可知，基於彈性的結構重要度是度量在部件 i 分別處於正常工作和故障的狀態下（圖 4.4），其他部件受到擾動時系統彈性的差異。部件 i 的結構彈性重要度越大，說明部件 i 對系統彈性的影響越大，因此應

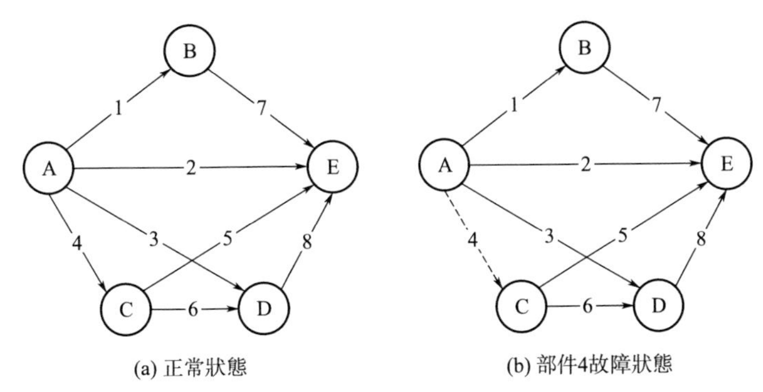

圖 4.4 基於彈性的結構重要性分析中部件正常和故障狀態示意

對該部件 i 給予更多的資源和維修等級，以更好地保證複雜系統的服務

連續性和服務品質。利用基於彈性的結構重要度，可以針對部件發生故障前後系統在不同程度的外界干擾或內部故障影響下的彈性過程進行分析，進而研究部件對於系統彈性的重要程度。

(2) 基於彈性的冗餘重要性

基於彈性的冗餘重要性的度量指標是基於彈性的冗餘重要度，其定義如下。

定義 4.5 基於彈性的冗餘重要度是部件冗餘對系統彈性改進的影響程度。

系統中部件 i 的冗餘重要度 CIR_i 可表示為：

$$CIR_i = \int_0^{m_i} \left[\frac{\mathbb{R}_{\mathrm{P}}(s_i = x \mid C_i, B_i = 1)}{\mathbb{R}_{\mathrm{P}}(s_i = x \mid C_i, B_i = 0)} - 1 \right] f_{s_i}(x)\mathrm{d}x \qquad (4.4)$$

式中，B_i 為部件 i 的備份狀態，$B_i = \begin{cases} 0, & \text{無備份} \\ 1, & \text{有備份} \end{cases}$；$\mathbb{R}_{\mathrm{P}}(s_i = x \mid C_i, B_i = 1)$ 和 $\mathbb{R}_{\mathrm{P}}(s_i = x \mid C_i, B_i = 0)$ 分別表示部件 i 在有備份和沒有備份的情況下，由正常工作狀態 C_i 轉入狀態 x 時系統的彈性。

由此可知，基於彈性的冗餘重要度是度量部件 i 分別在增加備份後和沒有備份的情況下（圖 4.5），系統受到擾動後表現出的彈性差異。基於彈性的冗餘重要性分析可從為某個部件增加同樣能力和性質的備份的角度來探索對系統彈性的最佳改進辦法：部件 i 的冗餘度值越大，說明為部件 i 提供備份所帶來的系統彈性收益越大，系統在受到干擾或攻擊時能表現出的彈性越好。

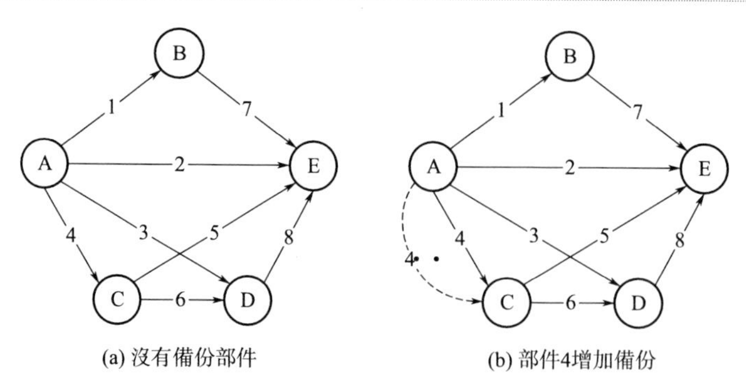

圖 4.5 基於彈性的冗餘重要性分析中部件有無備份狀態示意

(3) 基於彈性的部件保護重要性

基於彈性的部件保護重要性的度量指標是基於彈性的部件保護重要

度，其定義如下。

定義 4.6 基於彈性的部件保護重要度是提升部件的彈性極限對於系統整體彈性改進的影響程度。

系統中部件 i 的保護重要度 CIP_i 可表示為：

$$CIP_i = \int_0^{m_i} \left[\frac{\mathbb{R}_{\mathrm{P}}(s_i = x \mid C_i, X_i^* \to \infty)}{\mathbb{R}_{\mathrm{P}}(s_i = x \mid C_i)} - 1 \right] f_{s_i}(x)\mathrm{d}x \tag{4.5}$$

式中，X_i^* 為部件 i 能夠承受的最大性能損失，$X_i^* \to \infty$ 表示部件 i 不存在損失閾值，不會因承受擾動過大而不能自主恢復；$\mathbb{R}_{\mathrm{P}}(s_i = x \mid C_i, X_i^* \to \infty)$ 表示沒有損失閾值的部件 i 由正常工作狀態 C_i 轉入任一狀態 x 時系統的彈性。

由此可知，基於彈性的部件保護重要度是度量部件 i 分別在增加保護後和沒有保護的情況下（圖 4.6）系統在擾動發生後表現出的整體彈性的差異。基於彈性的部件保護重要性分析可從提升部件承受衝擊能力的角度來探索對系統彈性的最佳改進辦法：部件 i 的基於彈性的部件保護重要度越大，說明在為部件 i 提供保護時，相對於其他部件能帶來更好的彈性收益，即系統抵抗衝擊、減小影響和災後恢復的能力更強。基於彈性的部件保護重要性分析旨在找到系統彈性中的薄弱環節，並為其提供一定程度的保護，減少外界干擾或內部故障對該部件的衝擊，進而減少擾動發生時對系統彈性的影響。

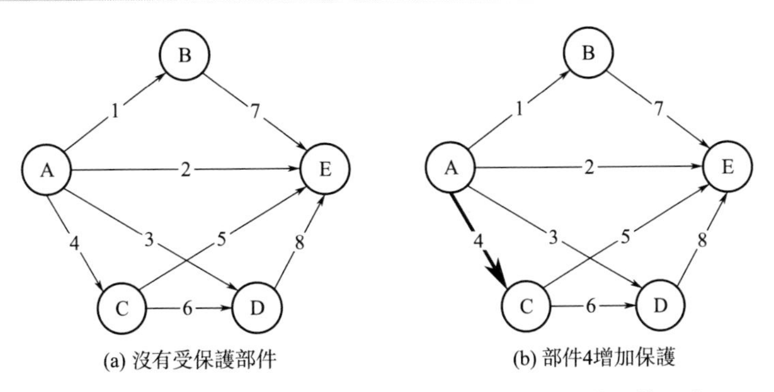

圖 4.6 部件保護重要性度量中部件的正常和保護狀態示意

4.3.2 重要性分析方法

考慮到實際系統的複雜性以及外界攻擊或擾動的隨機性，我們往往難以得到部件從一個確定的狀態轉變到另一個確定狀態的機率，因而也難以利用解析法計算系統各個部件的彈性重要度。這裡，我們利用蒙特卡羅仿真來模擬不同程度的外界攻擊或擾動對部件狀態的影響，求取多次事件下系統彈性的平均值，進而近似地得到系統部件的重要度。

根據式(4.2)，利用蒙特卡羅方法來進行仿真和求解基於彈性的結構重要度 CIS_i 的公式為：

$$CIS_i = \frac{1}{n-1} \sum_{j=1, j \neq i}^{n} \frac{1}{m_j} \sum_{k=1}^{m_j} \frac{\mathbb{R}_{\mathrm{P}}(e_j^k, W_i = 1) - \mathbb{R}_{\mathrm{P}}(e_j^k, W_i = 0)}{\mathbb{R}_{\mathrm{P}}(e_j^k, W_i = 1)} \tag{4.6}$$

式中，e_j^k 為部件 j 受到第 k 次擾動；m_j 為任務時間內部件 j 受到擾動的總次數。

類似地，我們可以得到基於彈性的冗餘重要度 CIR_i 和基於彈性的部件保護重要度 CIP_i 如下：

$$CIR_i = \frac{1}{m_i} \sum_{k=1}^{m_i} \frac{\mathbb{R}_{\mathrm{P}}(e_i^k \mid B_i = 1) - \mathbb{R}_{\mathrm{P}}(e_i^k \mid B_i = 0)}{\mathbb{R}_{\mathrm{P}}(e_i^k \mid B_i = 0)} \tag{4.7}$$

和

$$CIP_i = \frac{1}{m_i} \sum_{k=1}^{m_i} \frac{\mathbb{R}_{\mathrm{P}}(e_i^k \mid X_i^* \to \infty) - \mathbb{R}_{\mathrm{P}}(e_i^k)}{\mathbb{R}_{\mathrm{P}}(e_i^k)} \tag{4.8}$$

基於上述三種彈性重要度的仿真計算公式，對於系統中的一個特定部件來說，每個彈性重要度測度都需要多次仿真來求取平均值，每次仿真均對應一個隨機產生的擾動事件。據此，系統各部件的彈性重要度 CIX_i（CIS_i、CIR_i 或 CIP_i）的仿真流程如圖 4.7 所示。

仿真過程整理如下。

步驟 1：初始化載入系統中各個部件的特徵數據，如初始性能 C_i、部件擾動強度、性能降級和恢復時間分布，以及系統彈性極限 X^* 和 T^* 等資訊。

步驟 2：若計算 CIS_i，令 $j=1$，模擬部件 j 受擾動後的系統行為，直到 $j=n$（$j \neq i$）；否則，進入步驟 3。

步驟 3：令 $k=1$，模擬第 k 次擾動後的系統行為，計算彈性。

a. 根據擾動造成的性能降級分布和恢復時間分布抽樣，確定本次擾動造成的部件性能降級和恢復過程。

b. 正常情況下：計算本次擾動造成的系統性能降級和恢復過程。

c. 根據重要性度量目標（若計算 CIS_i，使部件 i 故障；若計算 CIR_i，為部件 i 增加冗餘；若計算 CIP_i，為部件 i 增加保護），再次計算本次擾動造成的系統性能降級和恢復過程。

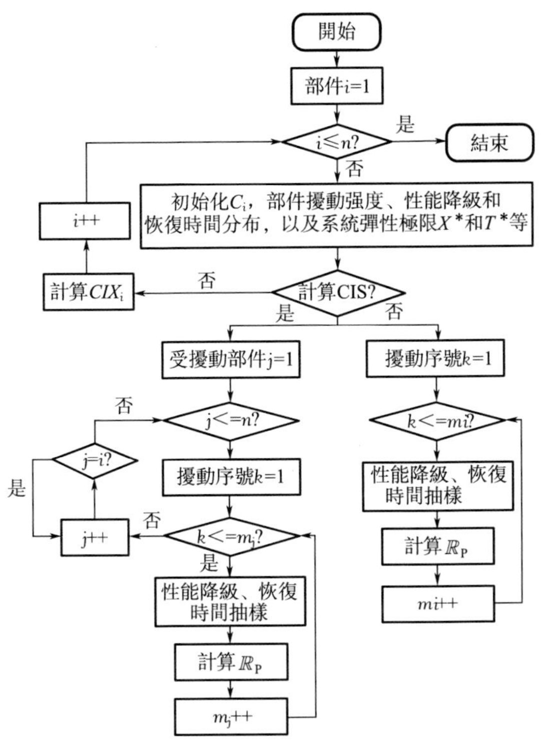

圖 4.7　彈性重要度仿真流程

d. 根據式(4.1) 計算本次仿真對應的彈性：若計算 CIS_i，則計算 $\mathbb{R}_P(e_j^k)$；若計算 CIR_i 或 CIP_i，則計算 $\mathbb{R}_P$ (e_i^k)。

e. $k=k+1$，返回 a，直到 $k=m_j$ 或 m_i。

步驟 4：若計算 CIS_i，$j=j+1$，直到 $j=n$；否則，進入步驟 5。

步驟 5：根據式(4.6)～式(4.8) 計算部件 i 對應的彈性重要度值。

4.4 案例

這裡採用 Barker 等 (2013)[14] 的一個簡單網路案例（圖 4.8）進行彈性重要性分析，計算該網路中每條鏈路的三種彈性重要度，對其重要度進行排序，並根據排序資訊對系統的彈性設計和修復提出有效建議。

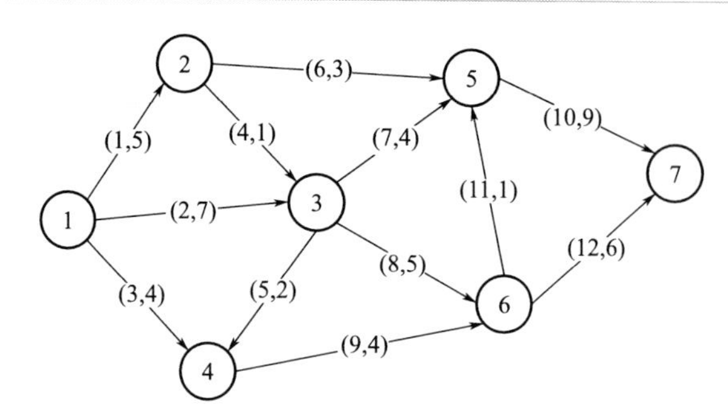

圖 4.8　典型仿真網路案例

圖 4.8 中的網路共有 7 個節點以及 12 條鏈路（圖中括號內為鏈路序號 i 和初始容量 C_i），鏈路指向表示該鏈路中流量的流向，其中源節點和目的節點分別是節點 1 和節點 7。

假設擾動強度 d 服從區間（0,10）上的均勻分布，若擾動 d_i 造成的性能閾值損失小於該鏈路的性能損失閾值 X_i^*，則該鏈路表現出彈性，其性能損失 x_i 和恢復時間 t_i 為一個相對較小的與擾動 d_i 成正比的值；反之，若擾動 d_i 造成的性能閾值損失超出該鏈路的性能損失閾值 X_i^*，則該鏈路表現出塑性，其性能損失 x_i 是一個相對較大的定值（在此假設為該鏈路容量的 90%），恢復時間 t_i 即為該鏈路的平均維修時間 R_i。網路各條鏈路的詳細資訊如表 4.3 所示，其中包括鏈路的序號 i、初始容量 C_i、性能損失閾值 X_i^* 和平均維修時間 R_i。

表 4.3　案例網路鏈路詳細資訊

i	C_i	X_i^*	R_i	i	C_i	X_i^*	R_i
1	5	3.5	80	7	4	2.8	110
2	7	4.2	60	8	5	4.0	90
3	4	2.8	110	9	4	2.4	50
4	1	0.8	80	10	9	6.3	120
5	3	2.7	50	11	1	0.7	60
6	2	1.0	50	12	6	4.8	70

對整個網路系統而言，我們選用源節點和目的節點的最大流作為系統彈性的性能指標，根據網路組成部件的當前容量，則可計算得到網路最大流，以此作為彈性計算基礎。按照 4.3.2 節中給出的仿真流程和方法，對該網路中每條鏈路各仿真 1000 次，求取每條鏈路的基於彈性的結構重要度、冗餘重要度和部件保護重要度各自的平均值並對結果進行排序，其仿真和計算結果如表 4.4 所示。

表 4.4 基於三類指標的鏈路重要度排序

序號	鏈路序號	CIS_i	鏈路序號	CIR_i	鏈路序號	CIP_i
1	2	0.8831	10	0.3154	3	0.0805
2	10	0.5882	7	0.215	4	0.0701
3	12	0.5792	3	0.1466	7	0.0652
4	3	0.4687	1	0.1088	10	0.0577
5	1	0.3209	2	0.1025	8	0.0538
6	7	0.2737	6	0.1008	1	0.0475
7	9	0.2595	8	0.0837	11	0.0417
8	8	0.2443	9	0.0818	12	0.0332
9	5	0.2064	11	0.076	2	0.0289
10	11	0.0348	4	0.069	6	0.0288
11	4	0.0198	12	0.0582	9	0.0286
12	6	0.0103	5	0.0178	5	0.0171

根據表 4.4 中各條鏈路的重要度資訊，可以看到分別從系統結構、設置部件冗餘和設置部件保護三個角度對系統的彈性進行分析和評價時，得到的結果是不同的，三個參數分別從不同角度對系統彈性的設計和改進策略提供了參考。例如，在基於彈性的結構重要性和冗餘重要性分析中，鏈路 2 和鏈路 10 的重要度最高；而在基於彈性的部件保護重要性分析中，鏈路 3 的重要度最高。因此，對複雜系統的彈性進行設計和規劃時，需要結合實際情況，從一個方面或幾個方面出發，考慮如何在有限的資源約束下最佳地改善系統的彈性。

為了更直觀地表示每條鏈路上的所受干擾強度、鏈路連接存在與否、設置鏈路備份以及設置鏈路保護對系統彈性的影響，我們在圖 4.9～圖 4.12 進行進一步分析。其中，圖 4.9 分析了各條鏈路受到不同干擾強度時網路整體彈性的變化趨勢，在擾動強度較小時，由於網路性能受到的影響較小，且持續時間較短，系統表現出較強的彈性；而在擾動強度持續增大並達到鏈路各自的損失閾值時，網路表現出的彈性均急劇下降並逐漸穩定在一個較低的水準。從圖 4.9 中可以看出：損失閾值較小的鏈路，如鏈路 10 和鏈路 6，在面對外界干擾時更容易對網路彈性造成大的影響；而鏈路 5 和鏈路 12 由於其能夠承受的損失閾值較大，相對於鏈路 10 和鏈路 6 往往較不容易在受到干擾後進入塑性狀態，因而鏈路的損失閾值在網路整體彈性中扮演著重要角色。

圖 4.10 反映了各個鏈路在故障和正常工作情況下對網路整體彈性的影響。由圖 4.10 可以看出每條線的斜率不同，因而每個部件的故障對於網路整體彈性的影響程度是不同的。斜率越大，表示該條鏈路的故障對

網路整體彈性影響較大，反之亦然。

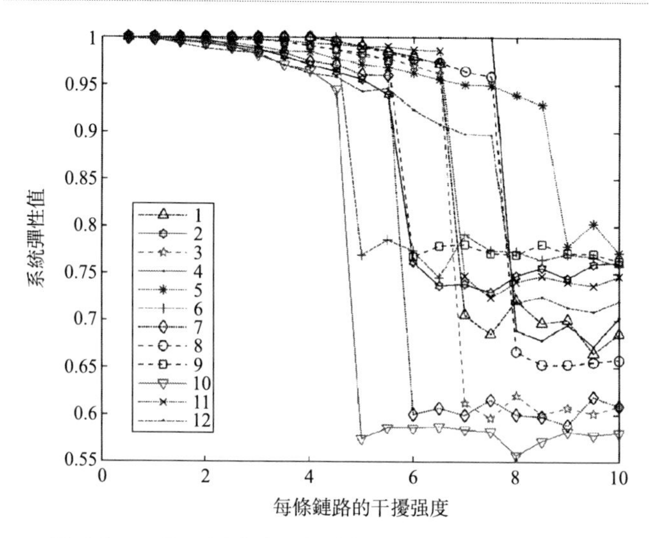

圖 4.9　不同干擾強度下網路整體彈性變化（電子版）

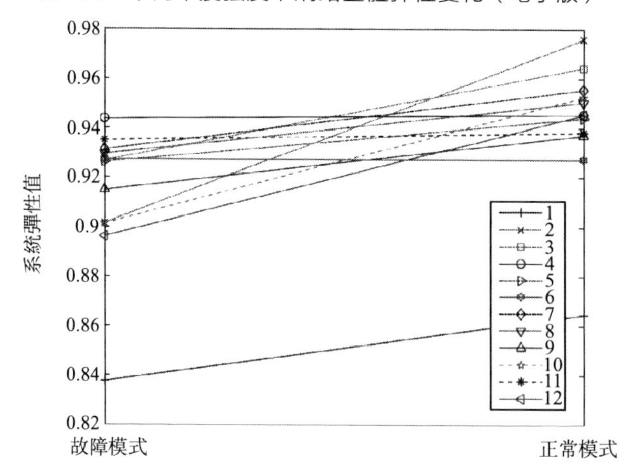

圖 4.10　部件故障和正常工作下網路整體彈性變化（電子版）

圖 4.11 是各條鏈路在設置備份前後網路受到干擾時彈性變化的曲線。由圖 4.11 可以看到每條線都表現出上升的趨勢，雖然每條鏈路在設置備份後均表現出明顯更強的彈性，但其增強的程度並不相同，如鏈路 10 和鏈路 7 表現出更高的斜率，因而此時彈性增強的幅度更大，而鏈路 5 對應的彈性增加的幅度最小，因而選擇鏈路 10 或鏈路 7 設置備份顯然比鏈路 5 對系統彈性的積極影響更大。所以，在對網路中部件進行備份時必須考慮備份部件對整體系統彈性的貢獻程度，優先選擇在同等成本

下能帶來更大的彈性利益的部件進行備份。

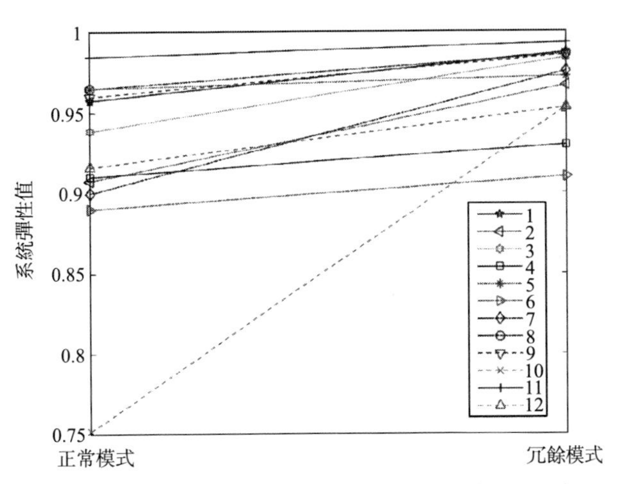

圖 4.11 設置備份前後網路整體彈性變化（電子版）

圖 4.12 是各條鏈路在設置保護前後受到干擾時網路彈性變化的曲線，該變化曲線表現出與圖 4.11 相似的特徵，網路彈性在每條鏈路增加保護後均有不同程度的提高，鏈路 3 和鏈路 4 在設置保護後對應的彈性增強更明顯，而鏈路 5 和鏈路 9 對應的彈性幾乎沒有增強；相對於前者，選擇對鏈路 5 和鏈路 9 進行保護顯然意義不大。因而，選擇網路的部件進行保護時，應盡量選擇對網路彈性收益影響較大的部件，而對網路整體彈性影響較小的部件可給予較低的優先級。

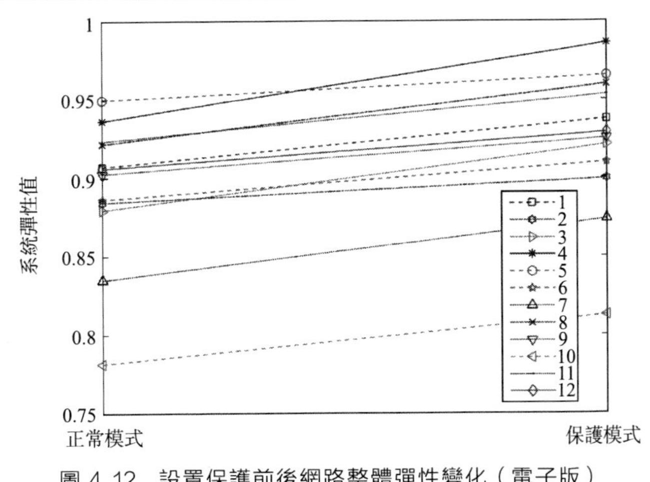

圖 4.12 設置保護前後網路整體彈性變化（電子版）

參考文獻

[1] Si S，Dui H，Zhao X，et al. Integrated importance measure of component states based on loss of system performance[J]. IEEE Transactions on Reliability，2012，61（1）：192-202.

[2] Kuo W，Zhu X. Importance measures in reliability，risk，and optimization：principles and applications[M]. John Wiley & Sons，2012.

[3] Andrews J D，Beeson S. Birnbaum's measure of component importance for noncoherent systems[J]. IEEE Transactions on Reliability，2003，52（2）：213-219.

[4] Birnbaum Z W. On the importance of different components in a multicomponent system[R]. Washington Univ Seattle Lab of Statistical Research，1968.

[5] 史定華．單元的重要度及其計算[J]. 科學通報，1984，6（4）：381-382.

[6] 曾亮，郭欣．多狀態單調關聯系統可靠性分析[J]. 質量與可靠性，1997，70（4）：30-33.

[7] 畢衛星，郭成宇．提高重要度的兼容性算法——聯合關鍵重要度[J]. 大連交通大學學報，2010，31（5）：79-81，85.

[8] 田宏，吳穹．多態系統可靠性及元素的不確定性重要度[J]. 東北大學學報：自然科學版，2000，21（6）：634-636.

[9] Zio E，Podofillini L. Monte Carlo simulation analysis of the effects of different system performance levels on the importance of multi-state components[J]. Reliability Engineering & System Safety，2003，82（1）：63-73.

[10] Borgonovo E. A new uncertainty importance measure[J]. Reliability Engineering & System Safety，2007，92（6）：771-784.

[11] 姚成玉，張熒驛，陳東寧,等．T-S 模糊重要度分析方法研究[J]. 機械工程學報，2011，47（12）：163-169.

[12] Song S，Lu Z，Cui L. A generalized Borgonovo's importance measure for fuzzy input uncertainty[J]. Fuzzy Sets and Systems，2012，189（1）：53-62.

[13] Whitson J C，Ramirez-Marquez J E. Resiliency as a component importance measure in network reliability[J]. Reliability Engineering & System Safety，2009，94（10）：1685-1693.

[14] Barker K，Ramirez-Marquez J E，Rocco C M. Resilience-based network component importance measures[J]. Reliability Engineering & System Safety，2013，117：89-97.

[15] 張龔博. 複雜系統彈性重要度分析方法[D]. 北京：北京航空航天大學，2017.

[16] Zhang Y，Kang R，Li R，et al. Resilience-based component importance measures for complex networks[C]. 2016 Prognostics and System Health Management Conference. Chengdu：IEEE，2016：1-6.

[17] Zhang Y，Kang R，Li R，et al. A Comprehensive Analysis Method for System

Resilience Considering Plasticity [C]. 2016 International Conference on Industrial Engineering, Management Science and Application (ICIMSA). Jeju, South Korea: IEEE, 2016: 1-4.

[18] Li Y, Lence B J. Estimating resilience for water resources systems[J]. Water Resources Research, 2007, 43 (7): 1-11.

[19] Thenmozhi R, Karthikeyan P, Vijayakumar V, et al. Backtracking performance analysis of Internet protocol for DDoS flooding detection[C]. 2015 International Conference on Circuit, Power and Computing Technologies (ICCPCT). Nagercoil, India: IEEE, 2015: 1-4.

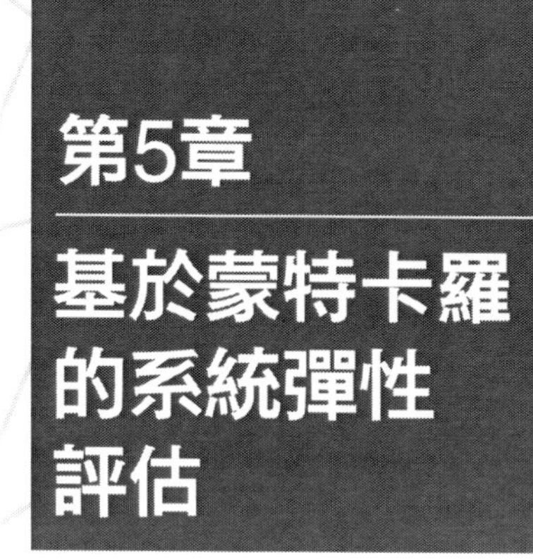

第5章

基於蒙特卡羅的系統彈性評估

5.1 研究背景

蒙特卡羅方法是一種基於仿真統計的計算方法，其核心思想是建立系統運行中機率過程的仿真模型，然後使用多次實驗的方法，計算得到系統特徵。針對系統彈性這一指標，由於研究對象的複雜性，以及系統可能遭受的擾動、性能降級和恢復過程的隨機性，蒙特卡羅仿真不失為一種對系統彈性評估的有效方法。考慮到供應鏈網路容易受到各種擾動行為的影響，採用彈性對供應鏈系統進行度量，能很好地反映供應鏈網路承受擾動的能力。本章以供應鏈網路為對象研究蒙特卡羅仿真在彈性評估中的應用。本書 1.3.2 節闡述了一些基於仿真的系統彈性研究方法，此外，針對供應鏈網路的相關研究還包括：Deleris 和 Erhun（2005）[1] 使用蒙特卡羅方法評估供應鏈網路在擾動發生後的損失量；Colicchia 等（2010）[2] 使用基於仿真的架構來評估他們提出的風險管理方法的效果；Klibi 和 Martel（2012）[3] 在供應鏈網路的風險建模中使用蒙特卡羅方法，同時包含隨機和極端事件；Schmitt 和 Singh（2012）[4] 使用仿真模型來評估供應鏈網路中擾動的影響，關注系統的停工和恢復時間等。

本章以供應鏈網路為對象，根據系統關鍵性能參數分析，確定了基於物流量和平均運輸距離的系統彈性度量，並結合蒙特卡羅方法給出了系統彈性評估方法，包括系統建模、仿真流程、彈性評估方法等。結合上述過程，讀者還可根據自己的目標模型，使用蒙特卡羅方法對其他系統進行彈性評估[5]。

5.2 蒙特卡羅方法簡介

蒙特卡羅（Monte Carlo）方法由在第二次世界大戰中研製原子彈的「曼哈頓計劃」中的成員烏拉姆和馮・諾伊曼於 1940 年代首先提出[6]。蒙特卡羅方法是一種以機率統計理論為指導的非常重要的數值計算方法，使用隨機數（或更常見的偽隨機數）來解決很多計算問題。從方法特徵的角度來說，蒙特卡羅方法可以一直追溯到 1777 年布豐提出隨機投針試驗來求圓周率 π，即著名的布豐問題，這被認為是蒙特卡羅方法的起源。如今，蒙特卡羅方法在金融工程學、總體經濟學、計算物理學（如粒子輸運計算、量子熱力學計算、空氣動力學計算）等領域應用廣泛。

5.2.1 基本思想

蒙特卡羅方法亦稱為隨機模擬（random simulation）方法，有時也稱作隨機抽樣（random sampling）技術或統計試驗（statistical testing）方法[7]。它的基本思想是：為了求解數學、物理、工程技術以及生產管理等方面的問題，首先建立一個機率模型或隨機過程，使它的參數等於問題的解；然後透過對模型或過程的觀察或抽樣試驗來計算所求參數的統計特徵；最後給出所求解的近似值。解的精確度可用估計值的標準誤差來表示。

假設所要求的量 x 是隨機變數 ξ 的數學期望 $E(\xi)$，那麼近似確定 x 的方法是對 ξ 進行 N 次重複抽樣，產生相互獨立的 ξ 值的序列 ξ_1、ξ_2、…、ξ_N，並計算其算術平均值：

$$\bar{\xi}=\frac{1}{N}\sum_{n=1}^{N}\xi_n \tag{5.1}$$

根據柯爾莫哥羅夫強大數定理[8] 有：

$$P(\lim_{N\to\infty}\bar{\xi}_N=x)=1 \tag{5.2}$$

因此，當 N 充分大時，下式

$$\bar{\xi}_N\approx E(\xi)=x \tag{5.3}$$

成立的機率等於 1，即可以用 $\bar{\xi}_N$ 作為所求量 x 的估計值。

5.2.2 求解過程

蒙特卡羅方法求解過程的三個主要步驟如下。

(1) 構造或描述機率過程

對於本身就具有隨機性質的問題，如貨物運輸問題，主要是正確描述和模擬這個機率過程；對於本來不是隨機性質的確定性問題，比如計算定積分，就必須事先構造一個人為的機率過程，它的某些參數正好是所要求問題的解，即要將不具有隨機性質的問題轉化為隨機性質的問題。

(2) 實現從已知機率分布抽樣

構造了機率模型以後，由於各種機率模型都可以看作是由各種各樣的機率分布構成的，因此產生已知機率分布的隨機變數（或隨機矢量），就成為實現蒙特卡羅方法模擬實驗的基本手段，這也是蒙特卡羅方法被稱為隨機抽樣的原因。最簡單、最基本、最重要的一個機率分布是 (0,1) 上的均勻分布（或稱矩形分布）。隨機數就是具有這種均勻分布的隨機變數。隨機數序列就是具有這種分布的總體的一個簡單子樣，也就是一個具有這種分布的相互獨立的隨機變數序列。產生隨機數的問題，就是從這個分布中抽樣的問題。在電腦上，可以用物理方法產生隨機數，但價格昂貴，不能重複，使用不便。另一種方法是用數學遞推公式產生。這樣產生的序列，與真正的隨機數序列不同，所以稱為偽隨機數或偽隨機數序列。不過，經過多種統計檢驗表明，它與真正的隨機數或隨機數序列具有相近的性質，因此可把它作為真正的隨機數來使用。由已知分布隨機抽樣有各種方法，與從（0,1）上均勻分布抽樣不同，這些方法都是藉助於隨機數序列來實現的，也就是說，都是以產生隨機數為前提的。由此可見，隨機數是我們實現蒙特卡羅方法的基本工具。

（3）建立各種估計量

一般來說，構造了機率模型並能從中抽樣，即實現模擬實驗後，我們就要確定一個隨機變數，作為所要求的問題的解，我們稱它為無偏估計。建立各種估計量，相當於對模擬實驗的結果進行考察和登記，從中得到問題的解。

從理論上來說，蒙特卡羅方法需要大量的實驗。實驗次數越多，所得到的結果才越精確。電腦技術的發展，使得蒙特卡羅方法在近年來得到了快速的普及。藉助電腦的高速運轉能力，蒙特卡羅方法現在不但用於解決許多複雜的科學方面的問題，也被專案管理人員經常使用。

5.2.3 優點

蒙特卡羅方法的優點可以歸納為以下三個方面。

① 蒙特卡羅方法及其程序結構簡單。它對統計量的估計是透過大量的簡單重複抽樣實現的，因而方法和程序都很簡單。

② 收斂機率和收斂速度與問題維數無關。對於蒙特卡羅方法來說，雖然不能斷言其誤差不超過某個值，但能指出其誤差以接近 1 的機率不超過某個界限。它的收斂速度與一般數值方法相比是很慢的，其主階僅為 $O(N^{-1/2})$，因此，不能解決精確度很高的問題。但是，它所產生的誤差只與標準差和樣本容量有關，而與樣本中元素所在空間無關，即它的收斂速度與問題維數無關，而其他數值方法則不然。這就決定了蒙特卡羅方法對多維問題的適用性，使得它幾乎不受系統規模或複雜程度的影響。當然，研究人員在蒙特卡羅方法的收斂速度和抽樣效率方面也開展了不少工作[9]，提出了一些新的抽樣方法，如控制變數法[10]、截斷抽樣法[11,12]、分層抽樣法[13]、重要抽樣法[14] 等。

③ 蒙特卡羅方法的適應性強。它在解題時受問題條件限制的影響較小。

5.3 問題描述

本章的研究對象為供應鏈網路，如圖 5.1 所示[15]。此供應鏈是一個四級供應鏈，所有的供應商、製造商、分銷中心、零售商都可視為供應鏈網路中的一個節點。這裡，我們把具有相同功能的節點劃分在同一級，就形成了供應商、製造商、分銷中心和零售商四個級別。在相鄰兩級的任意兩個節點之間都可能存在一條有向的貨物流通路徑。整個供應鏈網路的結構取決於各級節點建立以及相鄰層級間的路徑規劃。網路結構由於其節點功能性不同，有向路徑只存在於相鄰兩級的節點中間，即貨物不會跨級運輸（如從供應商直接到分銷中心、從製造商直接到零售商等），也不會在同級節點之間進行運輸。

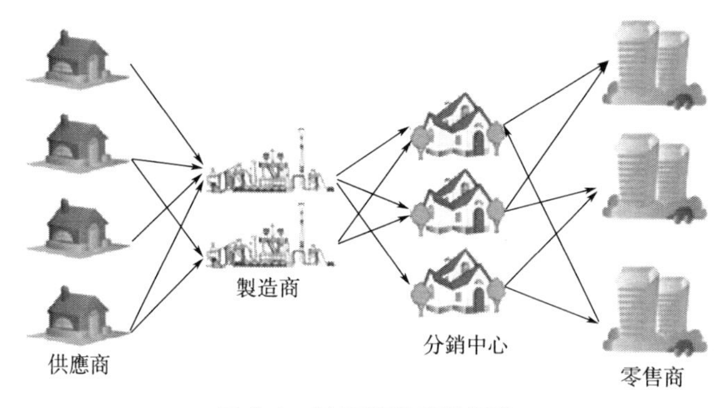

圖 5.1 某四級供應鏈網路

為了研究問題的方便，本章給出以下幾個假設條件：

① 該供應鏈網路只負責單一產品的製造銷售；

② 節點具備一定容量，可加工、儲存各級產品，鏈路容量無限；

③ 不考慮節點的服務時間和等待時間，不考慮鏈路的等待時間；

④ 只考慮單點擾動，且擾動僅發生在節點。

假設①借鑑了 Shin 等（2012）[16] 在其論文中對問題的簡化方法。對涉及多種產品的供應鏈網路，可根據不同產品類型屬性設計加權因子，採取類似的彈性評估方法。假設②說明，節點具有有限的製造和儲存能力，鏈路具有無限的運輸能力。假設③說明，材料和產品在到達節點或者鏈路後會被立即運輸，沒有等待或者排隊時間。同一層中的每個節點的服務時間是相同的，所以在本章中，我們不考慮產品在節點上的傳輸時間，只考慮在鏈路上的運輸時間。假設④用於對模型的簡化，該假設類似於網路可靠性研究中的「鏈路絕對可靠」的假設[17-19]。如果將該鏈路視為節點，該假設可以進行擴展。這裡還假設節點中的擾動是非共因擾動，意為一個擾動只能引起一個節點的性能出現下降，該假設類似於可靠性研究中的「無共因故障」的假設[20-22]。

因此，在已知供應鏈網路的各級可能節點、節點的位置、對應的容量、節點受擾動的機率、受擾動後的容量降級程度及恢復時間所對應的分布與參數，以及各條可能鏈路的路徑長度之後，本章研究的問題是如何評估供應鏈網路彈性，判斷供應鏈網路是否滿足彈性要求。

5.4 彈性度量

5.4.1 系統彈性度量

在第 1 章中已經對不同的彈性度量方法進行了綜述，為了論述方便，將幾種典型的確定型彈性度量列於表 5.1 中。

表 5.1　典型的確定型彈性度量

序號	來源文獻	度量參數及其定義	公式
1	Bruneau 等(2003)[23]	彈性損失：系統受擾動後，其性能損失函數在恢復時間內的積分	$\mathbb{R}_B=\int_{t_0}^{t_1}[1-Q(t)]\mathrm{d}t$
2	Cimellaro 等(2010)[24]	彈性：系統受擾動後，其性能函數在整個恢復過程中的積分	$\mathbb{R}_C=\int_{t_0}^{t_1}Q(t)\mathrm{d}t$
3	Reed 等(2009)[25]	彈性：系統受擾動後，性能函數在所考慮時間區間內的積分與該時間區間長度之比	$\mathbb{R}_R=\dfrac{\int_{t_s}^{t_e}Q(t)\mathrm{d}t}{t_e-t_s}$
4	Zobel 等(2011 和 2014)[26,27]	彈性預測值：系統受擾動後性能直接降至最低值，並開始均速恢復。系統性能損失大小和恢復時間長度決定了系統性能的勻速恢復過程，記性能函數在恢復時間絕對上限(T_u)時間內的梯形面積與 T_u 之比為彈性預測值	$\mathbb{R}_Z=\dfrac{T_u-\dfrac{Q_1T}{2}}{T_u}$

續表

序號	來源文獻	度量參數及其定義	公式
5	Ouyang 等(2012 和 2015)[28,29]	彈性:從 0 到 T 這樣一個較長的時間範圍內,系統實際性能 $P(t)$ 隨時間的積分與系統目標性能 $TP(t)$ 隨時間的積分之比	$\mathbb{R}_{O}=\dfrac{\int_{0}^{T}P(t)\mathrm{d}t}{\int_{0}^{T}TP(t)\mathrm{d}t}$

注：$Q(t)$ 是歸一化的系統性能曲線 [$0<Q(t)<100\%$]，t_s 和 t_e 是 Reed 給出的彈性定義中所考慮時間區間的兩端，Q_1 和 T 是 Zobel 給出的彈性定義中的彈性損失和恢復時間。

上表中總結了最常見的幾種彈性度量方法，其中，度量 1 和度量 2 不能用於不同系統間彈性的比較，因為它們用恢復時間作為彈性度量的時間區間，然而不同系統在不同擾動中的恢復時間是變化的；度量 3 沒有明確性能積分的時間區間；度量 4 忽略了一個事實，恢復時間的嚴格上界未必總是存在；度量 5 計算了系統長時間內的性能積分比，與本書關注系統遭受擾動後的彈性行為不同。

根據上述分析，我們建立的彈性度量方法應該包括以下三個特點：①為了使不同系統之間的彈性可以比較，我們需要一個具有合適物理意義的時間限制作為積分上下限；②為了衡量系統在受到擾動後的恢復能力，擾動發生的時間點必須作為彈性積分的起點；③同時還要考慮系統能或者不能在規定時間內恢復的情況，規定時間區間有可能大於實際恢復時間，也有可能小於實際恢復時間。因此，這裡我們採用用户規定的最大允許恢復時間作為時間度量單位，定義彈性如下。

定義 5.1 系統彈性為系統遭受擾動後 T_a 時間（用户允許的最大系統性能恢復時間）內歸一化性能隨時間的積分與系統正常運行（未受擾動）T_a 時間內歸一化性能隨時間的積分之比。

該彈性可用於度量擾動後用户允許的最大系統性能恢復時間內的平均性能。假設系統正常情況下的性能歸一化值為 1，則系統彈性可計算如下：

$$\mathbb{R}=\frac{\int_{t_0}^{T_a+t_0}Q(t)\mathrm{d}t}{T_a} \tag{5.4}$$

式中，$\mathbb{R}$ 為系統彈性；$Q(t)$ 為 t 時刻的系統歸一化性能，t_0 時刻系統受到擾動從而出現性能下降；T_a 為用户允許的最大系統性能恢復時間。將上述彈性計算方法表示在圖中，彈性可表示為深色區域面積［即擾動發生後歸一化性能 $Q(t)$ 在 T_a 時間範圍內的積分］與整個著色區域面積［即正常情況下歸一化性能 $Q(t)$ 的積分］的比值，如圖 5.2 所示。圖 5.2 給出了兩種情況，圖 5.2(a) 表示系統在最大允許時間內恢復到了初始性能，圖 5.2(b) 表示系統沒有在最大允許時間內完全恢復，其中 t_1 是系統性能完全恢復的時刻。

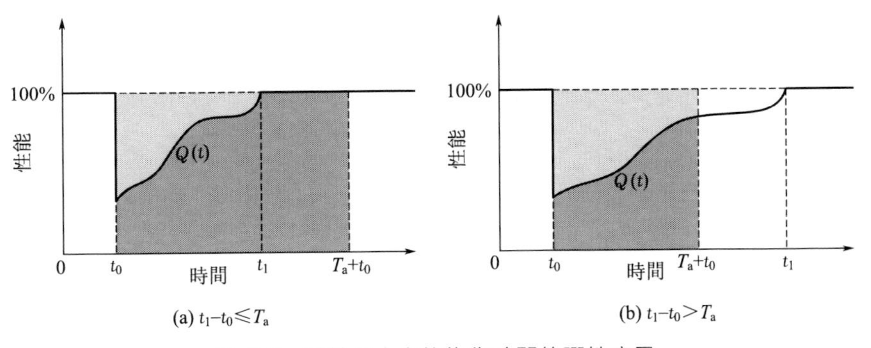

圖 5.2 基於最大允許恢復時間的彈性度量

式(5.4) 給出的系統彈性度量有如下優點：

① 採用用户允許的最大恢復時間作為性能積分的時間區間，可以使不同系統的彈性在相同的時間限制下進行比較；

② 該彈性度量方法計算了系統在遭受擾動後，最大允許時間內的平均性能，具有清晰的物理意義；

③ 度量所考慮的時間區間從系統遭受擾動時刻起，統計擾動後用户允許時間內的評價性能，表徵了系統受到擾動後的「彈回」能力，這與彈性一詞的意義一致；

④ 既可用於度量在用户允許時間內系統能恢復情況下的彈性，也可用於度量在這個時間內無法恢復情況下的彈性。

根據式(5.4)，系統的彈性表示的是系統在受到擾動時抵禦破壞和快速恢復的能力，故 $0 \leq \mathbb{R} \leq 1$。系統的彈性為 1，說明系統不會出現性能降級，或者系統在性能出現下降時能夠以無限大的速度恢復自己的性能；系統的彈性為 0，表示系統一受到擾動就完全破壞，且在用户允許的恢復時間內一點也不能恢復。顯然，彈性越大，系統越好。

彈性是綜合衡量性能降級和恢復時間的測度，圖 5.3 展示了兩個不同系統受擾動後的性能變化曲線。在這裡系統的彈性度量值實際就是淺色區域的面積與深色區域加淺色區域面積的比值。圖 5.3(a) 所示系統在受到擾動後性能下降非常嚴重，儘管它的恢復速度很快，彈性卻不是很好。圖 5.3(b) 所示系統在受到擾動後性能下降不多，但是恢復速度很慢，整個系統的彈性也較差。

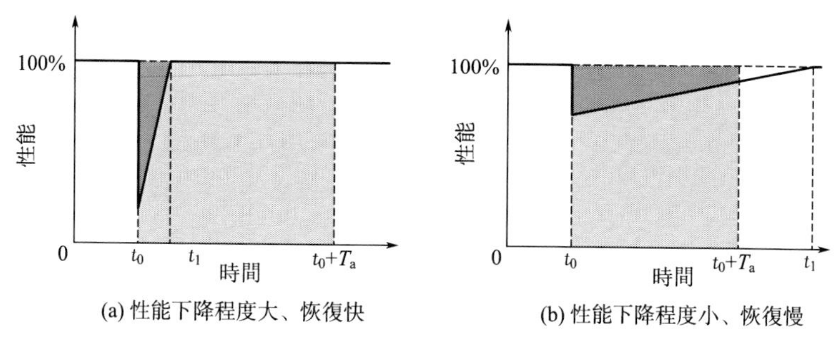

圖 5.3　系統性能變化曲線

式(5.4) 是確定型彈性度量，適用於對一次擾動事件後的系統彈性評價。考慮到系統可能遭受的擾動、性能降級和恢復行為都是隨機變數，因此在系統設計過程中，人們更關心系統的機率型彈性度量，用於反映系統彈性的隨機特徵。考慮到系統彈性的機率分布不易描述，這裡我們定義系統彈性期望如下。

定義 5.2　系統彈性期望為系統遭受擾動後彈性值可能結果的機率乘以其結果的總和。

系統彈性期望可表達如下：

$$E(\mathbb{R})=\frac{E\left[\int_{t_0}^{T_a+t_0}Q(t)\mathrm{d}t\right]}{T_a} \tag{5.5}$$

在 N 個擾動樣本下，可以使用彈性均值作為系統彈性期望的估計值。其計算方法如下：

$$\widehat{E(\mathbb{R})}\approx\frac{\sum_{i=1}^{N}\mathbb{R}_i}{N} \tag{5.6}$$

式中，$\mathbb{R}_i$ 為系統在遭受第 i 次擾動後的彈性。在獲得 N 次擾動下的彈性數據後可以得到系統彈性的分布，也可以得到系統彈性期望。

該彈性度量方法可以被用在供應鏈網路的設計和使用階段。在設計階段，因為缺乏實際數據，可以使用仿真方法來預測供應鏈網路在遭受擾動後的彈性。透過仿真，可以得到系統彈性的直方圖。使用該方法，可以計算供應鏈網路的預期彈性，並判斷網路彈性是否滿足要求。如果沒有滿足，系統管理者可以採取一些措施來提高彈性，比如：減少性能降級，提高恢復速度，更換恢復策略或改變網路拓撲結構。在得到彈性評估結果後，網路拓撲結構和擾動後的恢復策略可以被快速優化。在使用階段，供應鏈網路的性能數據可以被實時監控，在擾動發生後，可以收集得到性能變化的數據，因為擾動是較為罕見的事件，在使用階段常使用確定型的彈性度量。

5.4.2 關鍵性能參數選取和歸一化

彈性度量實際是建立在系統性能基礎之上的。因此，系統彈性度量首先需要明確的是關鍵性能參數的選取。一般地，關鍵性能參數應該滿足如下要求。

① 關鍵性能參數可以定量描述研究者所關心的系統性能。

② 關鍵性能參數可用於評估系統工作狀態，當系統工作狀態穩定時，關鍵性能參數取值唯一。

③ 關鍵性能參數可以不唯一。一個關鍵性能參數描述了系統某一方面的工作能力，當系統具有多維度性能時，可選擇多個不同的系統性能參數進行描述。例如：在複雜網路建模中，基於拓撲的參數和基於性能的參數都可以被選作關鍵性能參數。

在確定了系統關鍵性能參數之後，需要進行歸一化工作，以便應用 5.4.1 節給出的彈性度量進行計算。本章針對望大型和望小型參數的歸一化方法如下：

① 對於望大型參數（參數值越大越好），系統工作在理想狀態下該參數取值最大，系統受到擾動後性能下降，該參數取值變小，歸一化時可使用當前性能參數的取值除以最大值；

② 對於望小型參數（參數值越小越好），系統工作在理想狀態下該參數取值最小，系統受到擾動後性能上升，該參數取值增大，歸一化時可使用最小值除以當前性能參數的取值。

5.4.3 供應鏈網路的彈性度量

具體對應於供應鏈網路，供應鏈設計者往往都從費用和服務水準的角度對供應鏈進行優化。在實際應用中，供應鏈滿足消費者需求量的程度和速度是供應鏈設計的重點。在本章中，用網路理論對供應鏈進行抽象，選取物流量 W 和平均運輸距離 $\overline{D}$ 作為供應鏈網路的兩個關鍵性能參數。

定義 5.3 供應鏈網路物流量是在給定網路節點鏈路容量（即加工、儲存各級產品的數量上限）的情況下，能從網路第一層運送到最後一層的最大貨物數量。

具體地，物流量實際就是圖論中的最大流，物流量的大小決定了供應鏈能滿足多少用户的使用需求。最大流的算法有很多，著名的有 Edmonds-Karp 算法[30] 和預流推進算法[31]。

定義 5.4 供應鏈網路平均運輸距離是供應鏈網路中物流量對應的所有貨物的運輸路徑長度均值。

顯然，平均運輸距離決定了供應鏈網路的運輸成本和運輸速度。平均運輸距離可以計算如下：

$$\overline{D}=\frac{1}{W}\sum_{i=1}^{n}\sum_{j=1}^{n}w_{ij}d_{ij} \tag{5.7}$$

式中，n 為網路中的節點數量；d_{ij} 為節點 i 到節點 j 的路徑長度；w_{ij} 為節點 i 到節點 j 路徑上運輸的貨物總量；W 為供應鏈網路物流量(即網路最大流)。

在獲得供應鏈網路的兩個維度性能定義後，需要對其進行歸一化處理，設供應鏈網路未受到擾動時的性能為初始性能，則系統性能可由初始性能和當前性能之間的比例關係進行計算。

需要注意的是，物流量是望大型參數，而平均運輸距離是望小型參數，根據 5.4.2 節，它們可以按下式進行歸一化：

$$Q_W(t)=\frac{W(t)}{W(t_0)}\text{和 }Q_D(t)=\frac{\overline{D}(t_0)}{\overline{D}(t)} \tag{5.8}$$

式中，$W(t)$ 和 $\overline{D}(t)$ 為系統在 t 時刻的物流量和平均運輸距離；$W(t_0)$ 和 $\overline{D}(t_0)$ 為系統在未受到擾動的 t_0 時刻的初始性能值。

結合 5.4.1 節中給出的系統彈性計算式，我們可以得出供應鏈網路兩個性能參數對應的彈性表達式：

$$\mathbb{R}_W=\frac{\int_{t_0}^{T_a+t_0}Q_W(t)\mathrm{d}t}{T_a}\text{ 和 }\mathbb{R}_{\overline{D}}=\frac{\int_{t_0}^{T_a+t_0}Q_{\overline{D}}(t)\mathrm{d}t}{T_a} \tag{5.9}$$

供應鏈網路的彈性期望可表達為：

$$\widehat{E(\mathbb{R}_W)}\approx\frac{\sum_{i=1}^{N}\mathbb{R}_{W_i}}{N}\text{和}\widehat{E(\mathbb{R}_{\overline{D}})}\approx\frac{\sum_{i=1}^{N}\mathbb{R}_{\overline{D_i}}}{N} \tag{5.10}$$

式中，$\mathbb{R}_{W_i}$ 和 $\mathbb{R}_{\overline{D_i}}$ 為在第 i 次擾動作用下基於物流量的供應鏈網路彈性和基於平均運輸距離的供應鏈網路彈性。

供應鏈網路中每個節點的容量是一定的，當供應鏈網路受擾動後，其中某一節點的容量出現下降，繼而可能導致整個供應鏈網路的性能下降，具體表現為網路物流量的下降和/或平均運輸距離的增加。由於供應策略的改變或者維修恢復過程的進行，供應鏈網路的性能出現回彈，我們採用上述基於物流量和平均運輸距離的彈性度量模型對供應鏈網路進行彈性評價，用以表徵供應鏈網路的彈性。

5.5 基於蒙特卡羅的彈性評估

考慮到系統所遭受擾動的隨機性，以及在擾動作用下產生的性能降級和恢復時間的隨機性，本章採用蒙特卡羅方法介紹對供應鏈網路進行彈性評估的方法。

5.5.1 仿真模型

(1) 網路結構模型

為了描述供應鏈網路的結構，這裡我們採用鄰接矩陣的形式進行建模。為了便於計算，我們在圖 5.1 所示的供應鏈網路中增加了兩個虛擬節點：源節點和目的節點。其中，源節點連接供應鏈網路的所有第一級節點（即輸出節點，如圖 5.1 的供應商端），目的節點連接供應鏈網路的所有最後一級節點（即輸入節點，如圖 5.1 的零售商端）。由此，網路總節點數記為 $m=n+2$，其中 n 為供應鏈網路原本有的節點個數，源節點記為節點 1，目的節點記為節點 m。由此，網路拓撲結構可表述為：

$$\mathbf{A}_m=\begin{bmatrix} a_{11} & a_{12} & \cdots & a_{1m} \\ a_{21} & a_{22} & \cdots & a_{2m} \\ \vdots & \vdots & & \vdots \\ a_{m1} & a_{m2} & \cdots & a_{mm} \end{bmatrix} \tag{5.11}$$

式中，$a_{ij}=\begin{cases} 0，節點\ i\ 與節點\ j\ 之間沒有鏈路 \\ 1，節點\ i\ 與節點\ j\ 之間有鏈路 \end{cases}$。

(2) 鏈路容量模型

鏈路容量指的是網路中各鏈路上所能承載流量的最大值，在 5.3 節我們假設供應鏈網路中的節點容量有限，鏈路容量無限。為了方便後續計算，我們需要將節點容量轉移到鏈路容量，記每條鏈路上的容量應該等於其兩端節點容量的最小值，即

$$c_{ij}=\min(c_i, c_j) \tag{5.12}$$

式中，c_i 為第 i 個節點容量。

用容量矩陣描述網路中各條鏈路的容量：

$$\boldsymbol{C}_m = \begin{bmatrix} c_{11} & c_{12} & \cdots & c_{1m} \\ c_{21} & c_{22} & \cdots & c_{2m} \\ \vdots & \vdots & & \vdots \\ c_{m1} & c_{m2} & \cdots & c_{mm} \end{bmatrix} \tag{5.13}$$

式中，c_{ij} 為從節點 i 到節點 j 的鏈路容量。

(3) 網路流量模型

供應鏈網路中的流量表示的是單位時間內網路中每條鏈路上所經過的貨物數量。流量和容量的不同點在於，流量表示的是鏈路中當前時刻實際傳輸的貨物數量，容量表示的是鏈路所能承載的最大流量，因此流量滿足如下約束：

$$0 \leqslant w_{ij} \leqslant c_{ij} \tag{5.14}$$

此外，對於層級式的供應鏈網路，其流量還滿足下述約束條件：

$$\begin{cases} \sum_{i=1}^{m} w_{ij} = \sum_{i=1}^{m} w_{ji} = W, j = 1 \text{ 或 } m \\ \sum_{i=1}^{m} w_{ij} = \sum_{i=1}^{m} w_{ji}, j \neq 1 \text{ 或 } m \end{cases} \tag{5.15}$$

式中，m 為節點總數；W 為網路最大物流量。第一個約束式表示源節點的出流量和目的節點的入流量等於最大流，即網路工作在最大流狀態，且滿足流量守恆；第二個約束式表示對於任意節點 j($j \neq 1$ 或 m)，流入節點的流量等於流出節點的流量，即滿足流量守恆。

與容量矩陣類似，這裡用流量矩陣描述網路的流量情況：

$$\boldsymbol{W}_m = \begin{pmatrix} w_{11} & w_{12} & \cdots & w_{1m} \\ w_{21} & w_{22} & \cdots & w_{2m} \\ \vdots & \vdots & & \vdots \\ w_{m1} & w_{m2} & \cdots & w_{mm} \end{pmatrix} \tag{5.16}$$

式中，w_{ij} 為從節點 i 到節點 j 路徑上的實際流量。

(4) 網路鏈路長度模型

網路鏈路長度描述的是供應鏈網路中每條鏈路的長度，具體表現為各節點之間的距離。在本研究中，可用網路鏈路長度矩陣記錄網路鏈路長度資訊：

$$\boldsymbol{D}_m = \begin{bmatrix} d_{11} & d_{12} & \cdots & d_{1m} \\ d_{21} & d_{22} & \cdots & d_{2m} \\ \vdots & \vdots & & \vdots \\ d_{m1} & d_{m2} & \cdots & d_{mm} \end{bmatrix} \tag{5.17}$$

式中，d_{ij} 為節點 i 到節點 j 的路徑長度。

(5) 流量分布模型

由於供應鏈網路中存在冗餘，因此，網路中可能存在不止一條鏈路能夠承載相應的物流量。為了減少運輸時間和費用，貨物一般選擇能使整個網路獲取最短平均運輸距離的路徑進行傳輸。為了找到這樣的流量分布，可以使用下列線性規劃模型：

$$\begin{aligned}
\min \quad & \overline{D}=\frac{1}{W}\sum_{i=1}^{m}\sum_{j=1}^{m}w_{ij}d_{ij} \\
\text{s.t.} \quad & \sum_{i=1}^{m}w_{ij}=\sum_{i=1}^{m}w_{ji}=W, j=1 \text{ 或 } m \\
& \sum_{i=1}^{m}w_{ij}=\sum_{i=1}^{m}w_{ji}, j<1<m \\
& 0\leqslant w_{ij}\leqslant c_{ij}
\end{aligned} \tag{5.18}$$

式中，目標為平均運輸距離最小化，約束條件分別為流量守恆和流量不超過容量限制。

(6) 抽樣模型

對供應鏈網路的彈性評價是建立在已知節點受擾動、性能下降程度和恢復時間的機率密度函數的基礎上進行的，透過採用蒙特卡羅仿真方法對各種可能性進行模擬，從而實現供應鏈網路的彈性評價。給定隨機變數 x 的累積機率分布函數 $F(x)$，就可以使用反函數法進行抽樣：$x=F^{-1}(U)$，其中 U 服從 0～1 的均勻分布[32]。下面分別給出均勻分布、指數分布、正態分布和對數正態分布的反函數、抽樣方法和在 Matlab 中的抽樣符號。

① 均勻分布情況　已知 $U\sim[a,b]$，該均勻分布的機率密度函數如下：

$$f(x)=\begin{cases}\dfrac{1}{b-a}, a\leqslant x\leqslant b \\ 0, \text{其他}\end{cases} \tag{5.19}$$

其累積機率分布函數 $F(x)$ 為

$$F(x)=\int_a^x f(x)\mathrm{d}x=\int_a^x \frac{1}{b-a}\mathrm{d}x \tag{5.20}$$

可得

$$U=F(x)=\int_a^x \frac{1}{b-a}\mathrm{d}x=\frac{x-a}{b-a} \tag{5.21}$$

故可解得

$$x=F^{-1}(U)=(b-a)U+a \tag{5.22}$$

由電腦抽樣得到的隨機數 U 代入上式中，即可求出服從均勻分布的隨機抽樣值。在 Matlab 仿真中，可用 unidrnd 函數實現上述功能。unidrnd 函數表達式為 $x=\text{unidrnd}(N,[\boldsymbol{m},\boldsymbol{n},\cdots])$，其中輸出端 x 是服從均勻分布的隨機變數，輸入端 N 表示均勻分布的區間為 $0\sim N$，輸入端 $[\boldsymbol{m},\boldsymbol{n},\cdots]$ 表示 x 中的元素是一個多維矩陣，指定了輸出端 x 的各維的長度。這裡，N 也可以是一個矩陣，此時輸出端 x 就是一個和 N 一樣大小的矩陣，x 中每個元素都是以 N 中對應位置的元素為最大值的隨機變數。

② 指數分布情況　已知指數分布的累積機率分布函數為

$$F(x)=\int_0^x f(x)\mathrm{d}x=\int_0^x \lambda \mathrm{e}^{-\lambda x}\mathrm{d}x \tag{5.23}$$

可得

$$U=F(x)=\int_0^x \lambda \mathrm{e}^{-\lambda x}\mathrm{d}x=1-\mathrm{e}^{-\lambda x} \tag{5.24}$$

由反函數定理可知 U 服從均勻分布，寫出 U 的反函數，並將 U 作為自變數帶入，由此可得 x 的抽樣公式為

$$x=F^{-1}(U)=-\frac{1}{\lambda}\ln(1-U) \tag{5.25}$$

由電腦產生服從均勻分布的隨機數，可由上式抽樣得到服從指數分布的隨機變數。在 Matlab 中，可用 exprnd 函數實現上述功能。exprnd 函數的表達式為 $x=\text{exprnd}(mu,[\boldsymbol{m},\boldsymbol{n},\cdots])$，其中輸入端 mu 表示指數分布的參數為 mu，其他參數的含義與均勻分布相同。

③ 正態分布和對數正態分布情況　採用類似的方法，也可以求得正態分布和對數正態分布的反函數，其中，正態分布和對數正態分布的反函數可以分別表達為

$$F^{-1}(U)=z_U\sigma+\mu \text{ 和 } F^{-1}(U)=\mathrm{e}^{z_U\sigma}+\mu \tag{5.26}$$

式中，z_U 為正態分布分位數。同時在 Matlab 中可用 normal 函數和 lognrnd 函數分別實現對正態分布函數和對數正態分布函數的隨機抽樣，其表達式分別為 $x=\text{normal}(mu,sigma,[\boldsymbol{m},\boldsymbol{n},\cdots])$ 和 $x=\text{lognrnd}(mu,sigma,[\boldsymbol{m},\boldsymbol{n},\cdots])$，其中輸入端 mu 和 $sigma$ 表示正態和對數正態分布的兩個參數，其他參數的含義也與均勻分布相同。

5.5.2 基於蒙特卡羅的彈性評估流程

基於蒙特卡羅的供應鏈網路彈性仿真流程如圖 5.4 所示，具體步驟

如下。

① 計算供應鏈網路的初始性能 $W(t_0)$ 和 $\overline{D}(t_0)$，即網路中各節點未受到干擾時的供應鏈網路性能，將此性能指標作為性能基準使用。

② 仿真 N 次，得到每次擾動後的供應鏈網路性能降級和恢復數據。

a. 根據已知的節點擾動率資訊，應用蒙特卡羅方法對供應鏈網路節點受擾動的時間進行抽樣，確定出本次擾動過程中發生故障的節點（即受擾動時間最小的節點）；

b. 根據受擾動節點的性能降級分布和恢復時間分布，應用蒙特卡羅方法抽樣確定該節點在本次擾動作用下產生的性能降級和恢復時長；

c. 每隔 Δt 時間計算供應鏈網路的性能 $W(t)$ 和 $\overline{D}(t)$，由此得到兩個性能參數隨時間變化的情況，直到用户允許的恢復時間 T_a；

d. 用下式計算本次擾動中的系統彈性：

$$\int_{t_0}^{T_a+t_0} Q(t)\mathrm{d}t \approx \frac{\sum_{k=1}^{s}[Q(t_k)+Q(t_{k-1})]\Delta t}{2} \tag{5.27}$$

③ 用式(5.10) 計算供應鏈網路的彈性期望，同時還可以構建系統的彈性直方圖。

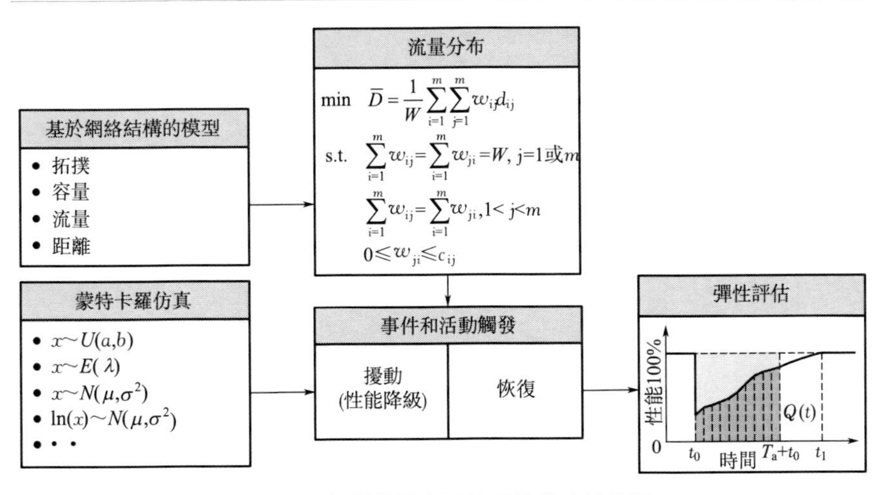

圖 5.4 基於蒙特卡羅的系統仿真流程圖

5.5.3 誤差分析

從每一次蒙特卡羅仿真中得到的彈性值 x_i 都是獨立同分布的隨機變

數。根據中心極限定理，如果幾個變數是獨立同分布的，則它們的算術平均數服從均值為 μ 方差為 $\frac{\sigma^2}{N}$ 的正態分布，其中 N 為隨機變數的個數。其誤差的估計可以用如下方法計算：

$$\varepsilon = |x - \hat{x}| < \frac{z_{\alpha/2}\sigma}{\sqrt{N}} \tag{5.28}$$

式中，$\hat{x}$ 為變數 x 的估計值，並且 $\hat{x} = \frac{\sum x_i}{N}$；$1-\alpha$ 為置信度。

在當前的問題中，結合式(5.10)，可得如下誤差計算式：

$$\begin{aligned} \varepsilon_{E(\mathbb{R}_W)} &= \left| E(\mathbb{R}_W) - \widehat{E(\mathbb{R}_W)} \right| < \frac{z_{\alpha/2} S_{\mathbb{R}_W}}{\sqrt{N}} \\ \varepsilon_{E(\mathbb{R}_{\overline{D}})} &= \left| E(\mathbb{R}_{\overline{D}}) - \widehat{E(\mathbb{R}_{\overline{D}})} \right| < \frac{z_{\alpha/2} S_{\mathbb{R}_{\overline{D}}}}{\sqrt{N}} \end{aligned} \tag{5.29}$$

式中，$S_{\mathbb{R}_W}$ 和 $S_{\mathbb{R}_{\overline{D}}}$ 是 $\mathbb{R}_W$ 和 $\mathbb{R}_{\overline{D}}$ 的標準差，在這裡標準差被認為是方差的無偏估計。

5.6 案例

這裡以杭州某手機的供應鏈網路為例[15]，說明本章給出的基於蒙特卡羅的系統彈性仿真方法的具體應用。

5.6.1 案例描述

圖 5.5 給出了該手機的供應鏈網路拓撲結構，這是一個由供應商、製造商、分銷中心和零售商組成的四級供應鏈系統。其中，有六個備選供應商，分別位於北京、上海、深圳、蘇州、瀋陽和天津，可為製造商提供手機製造所需的原材料；一個位於杭州的製造商，可完成手機的製造；三個分銷中心分別位於北京、南京和深圳；四個零售商分別位於北京、上海、廣州和南京四個地區，分別負責手機的銷售。

本案例中，每個供應商的供貨能力、分銷中心的轉發能力、零售商的需求都在圖中相應位置標出。值得注意的是，在本案例中只有一個位於杭州的製造商，且製造商的加工能力是正無窮，也就是說，製造商的製造能力沒有上限，且不會受到擾動影響，不會產生性能降級。在後續計算中，各供應商、製造商、分銷中心和零售商都當作網路節點進行處理，即所有節點的供應、加工、轉發能力和需求都可看作節點的容量。而關於鏈路，圖中已經標出了網路中所有可能存在的有向路徑，在優化過程中，就要對這些路徑進行取捨和選擇。另外，在本案例中，供應鏈網路允許的恢復時間是 7 天，即 $T_a=7$，且彈性期望目標值定為 0.96。

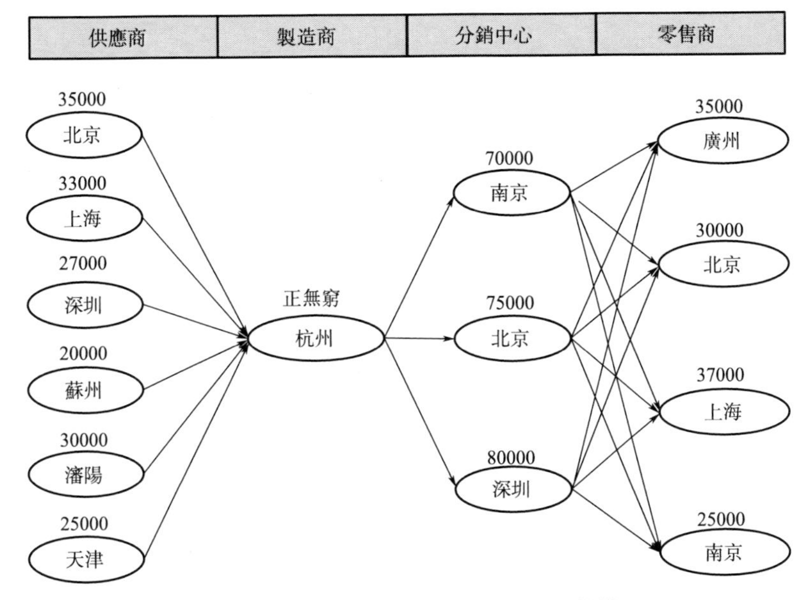

圖 5.5 杭州某手機供應鏈網路拓撲結構

各供應商到製造商的距離如表 5.2 所示。

表 5.2 供應商到製造商的距離 km

製造商 \ 供應商	北京	上海	深圳	蘇州	瀋陽	天津
杭州	1663	179	1100	121	1310	1036

製造商到各分銷中心的距離如表 5.3 所示。

表 5.3 製造商到分銷中心的距離 km

製造商 \ 分銷中心	南京	北京	深圳
杭州	254	1663	1070

各分銷中心到各零售商的距離如表 5.4 所示。

表 5.4 分銷中心到零售商的距離 km

分銷中心＼零售商	廣州	北京	上海	南京
南京	1125	900	255	0
北京	1900	0	1062	900
深圳	105	1930	1210	1160

當網路中一個節點受到擾動後，節點容量下降，這可能會導致供應鏈網路物流量和平均運輸距離下降，而隨著節點容量恢復，供應鏈網路性能也會逐漸恢復。在本案例中，假設：①節點容量恢復率恆定；②每個節點受擾動的時間服從指數分布，這個假設經常用於供應鏈網路研究中[33,34]；③節點性能下降服從均勻分布，該假設常用在隨機流網路分析中[35,36]；④節點恢復時間主要服從對數正態分布，個別節點服從均勻分布，這是因為對數正態分布是常用的系統維修時間分布[37-39]，而均勻分布用於說明本方法的適用性。供應鏈網路節點容量、擾動時間、性能下降和恢復時間資訊如表 5.5 所示。

表 5.5 節點容量和節點擾動資訊

類型	地點	節點容量 C_i	擾動時間/天	性能下降/件	恢復時間/天
供應商	北京	35000	$X\sim E(0.009)$	$P_i(1000x)=\frac{1000}{c_i}$ $(x=1,2,\cdots,\frac{c_i}{1000})$	$\ln(X)\sim N(3.5,1.5^2)$
	上海	33000	$X\sim E(0.010)$		$\ln(X)\sim N(3.3,1.5^2)$
	深圳	27000	$X\sim E(0.015)$		$\ln(X)\sim N(2.7,1.5^2)$
	蘇州	20000	$X\sim E(0.022)$		$\ln(X)\sim N(2,1.5^2)$
	瀋陽	30000	$X\sim E(0.018)$		$\ln(X)\sim N(3,1.5^2)$
	天津	25000	$X\sim E(0.015)$		$\ln(X)\sim N(2.5,1.5^2)$
製造商	杭州	正無窮	$X\sim E(0.020)$		$\ln(X)\sim N(3,1.5^2)$
分銷中心	南京	70000	$X\sim E(0.1)$		$X\sim U[4,10]$
	北京	75000	$X\sim E(0.03)$		$X\sim U[4,10]$
	深圳	80000	$X\sim E(0.05)$		$X\sim U[4,10]$
零售商	廣州	35000	$X\sim E(0.015)$		$\ln(X)\sim N(3.5,1.5^2)$
	北京	30000	$X\sim E(0.009)$		$\ln(X)\sim N(3,1.5^2)$
	上海	37000	$X\sim E(0.010)$		$\ln(X)\sim N(3.7,1.5^2)$
	南京	25000	$X\sim E(0.015)$		$\ln(X)\sim N(2.5,1.5^2)$

5.6.2 彈性計算過程

(1) 仿真建模

用 5.5.1 節的建模方法對供應鏈網路進行建模。在供應商前加入一個虛擬源節點和在零售商後加入一個虛擬目的節點，並定義這兩個虛擬節點不會發生故障且容量為無窮，虛擬節點和實際節點之間的鏈路長度為 0。增加虛擬節點後，杭州某手機供應鏈網路拓撲結構如圖 5.6 所示。

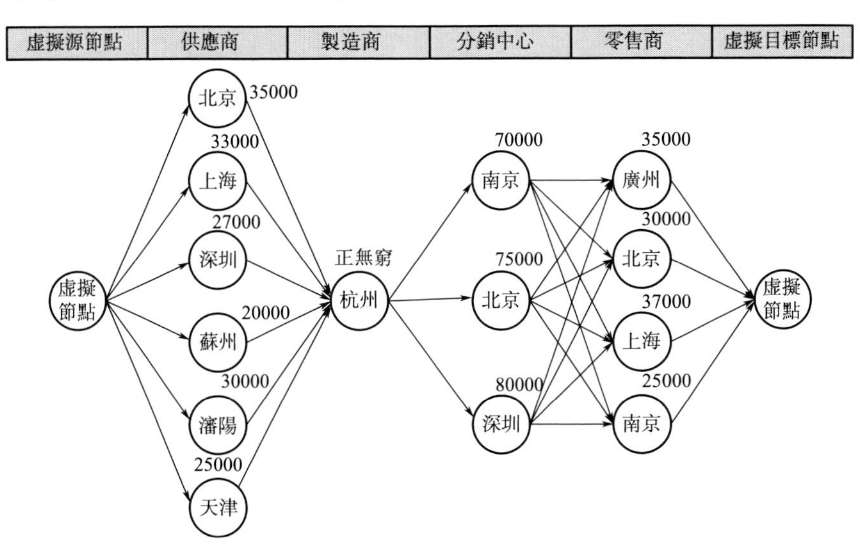

圖 5.6 增加虛擬節點後的杭州某手機供應鏈網路拓撲結構

在此基礎上，按照 5.5.1 節給出的方法建立網路結構模型、鏈路容量模型、網路流量模型、網路鏈路長度模型、流量分布模型和抽樣模型，為後續基於蒙特卡羅的系統彈性仿真評估做好準備。

(2) 初始性能度量

正常情況下（即不注入擾動）透過計算源端和目的端的最大流來計算此供應鏈網路的物流量（具體在 Matlab 中可以使用 graphmaxflow 函數計算），並在此基礎上利用 5.5.1 節的流量分布模型實現網路流量分配，繼而求解供應鏈網路的平均運輸距離。

(3) 擾動抽樣與性能度量

根據表 5.5 的節點擾動資訊，進行 N 次擾動抽樣和性能度量，具體

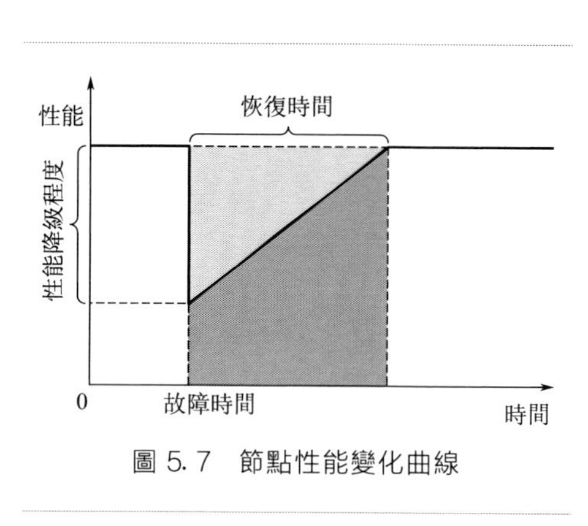

圖 5.7　節點性能變化曲線

如下：首先應用 5.5.1 節的抽樣方法，根據「擾動時間」分布確定出當次仿真中各節點受擾動時間。由於 5.3 節已假設不會出現共因擾動行為，故取抽樣得到的「擾動時間」最小的節點，令其在本次仿真中受到擾動；然後繼續根據該節點的「性能下降」和「恢復時間」分布，應用 5.5.1 節的抽樣方法得到本次仿真中的性能降級程度和恢復時間。在本案例中我們假設節點受到擾動後的性能恢復是勻速恢復的，則節點性能恢復情況如圖 5.7 所示。

根據圖 5.7 可以得到節點受擾動後每個時間點的容量。這裡我們在用户最大允許恢復時間 T_a 範圍內取 10 個時間間隔，根據前文所述的計算方法，在每個時間點計算供應鏈網路的物流量和平均運輸距離。

(4) 彈性計算

將正常情況下和擾動情況下得到的供應鏈網路性能值進行歸一化，可得到如圖 5.8 所示的供應鏈網路性能變化曲線。

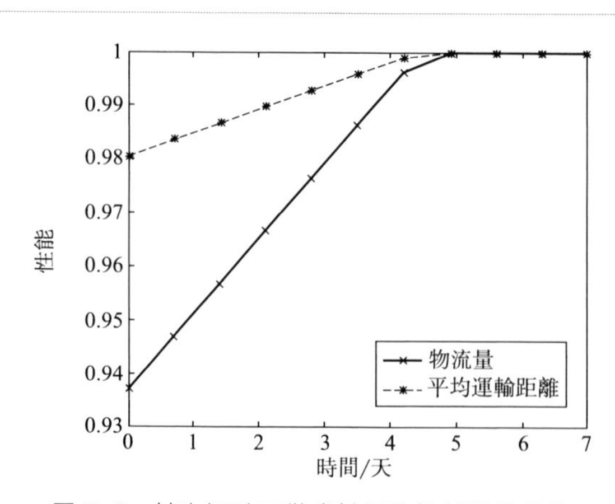

圖 5.8　某次擾動下供應鏈網路性能變化曲線

進一步透過 5.5.2 節給出的彈性計算方法，實現供應鏈網路單次擾動下彈性計算和 N 次擾動下的彈性期望計算。

5.6.3 彈性評價結果

根據前文提供的資訊，可以計算供應鏈網路的彈性。圖 5.9 展示了在仿真中受擾動後供應鏈網路性能變化情況的示例。其中，ND 代表受擾動節點名稱，PD 代表節點性能降級程度，RT 代表節點恢復時間。

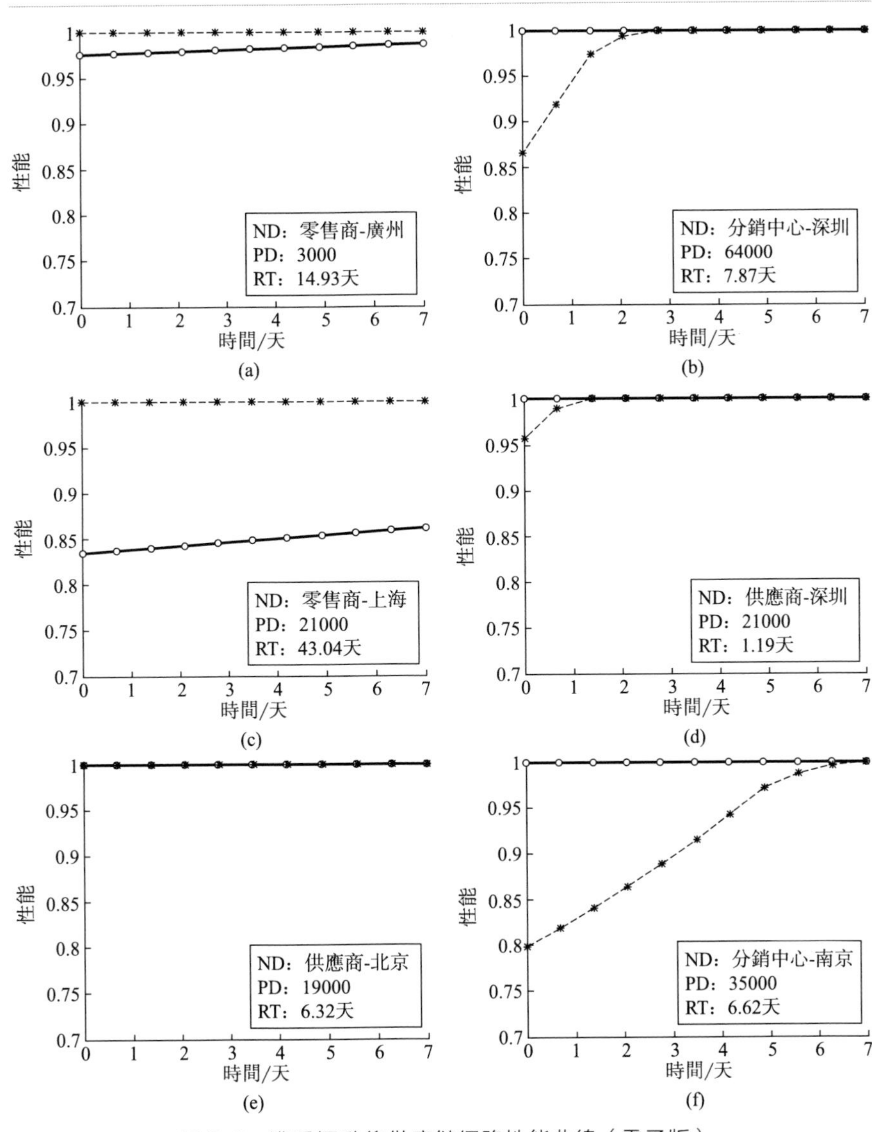

圖 5.9　遭受擾動後供應鏈網路性能曲線（電子版）

—○—物流量；—*—平均運輸距離

從圖 5.9 中可以看出，節點受到擾動會引起供應鏈網路性能的降低。使用 5.4.3 節中提到的供應鏈網路關鍵性能參數計算方法，可計算得到使供應鏈網路物流量最大和平均運輸距離最短的網路流量分配結果，而節點除了支撐所分配到流量需求外還有剩餘容量的話，則被稱作節點冗餘，這可以透過計算節點容量與分配流量的差值計算得到。從仿真結果中可以看出下面的問題。

① 當節點有冗餘時，供應鏈網路物流量可以在節點完全恢復之前恢復到初始狀態。如圖 5.9(b) 所示，分銷中心深圳的容量需要 7.87 天完全恢復，但是供應鏈網路物流量在 2.34 天後就已經完全恢復。在這個例子中，只要深圳的容量恢復到 35000，系統流量分配的結果就會恢復到初始狀態（即深圳節點有 45000 的容量冗餘）。由此可知，擁有較少冗餘的節點對系統彈性更易造成不利影響。例如，從圖 5.9(a)、(c) 中看出，當任意一個零售商受到擾動時，其在本節點以及同層節點中都沒有冗餘，供應鏈網路物流量迅速降低。

② 當節點有冗餘時，擾動後供應鏈網路的平均運輸距離可能會增加。這是因為，如果有冗餘的節點受擾動產生性能降級，則該節點減少的流量會分流到其他節點上，由於之前的運輸路徑是根據最短路徑規則選擇的，因此流量分流後可能引起供應鏈網路平均運輸距離的增加。從圖 5.9(d)、(f) 中可以看出，當供應商節點深圳以及分銷中心南京受到擾動時，受擾動節點有冗餘，使得擾動後網路平均運輸距離增加，因為同級其他節點的運輸距離更大。另外，從圖 5.9 (e) 中看出，當供應商北京受到擾動時，因為該節點是冗餘節點，並且初始流量分配結果為 0，此時供應鏈網路物流量和平均運輸距離都不會產生性能降級。

在這個案例研究中，我們仿真迭代 1000 次。根據式 (5.10)，仿真得到系統彈性估計為 $\widehat{E(\mathbb{R}_W)}=0.987032$ 和 $\widehat{E(\mathbb{R}_{\overline{D}})}=0.964301$。兩個彈性度量結果的直方圖如圖 5.10 所示。結果表明，兩種彈性分布均為長尾，基於物流量和基於平均運輸距離供應鏈網路彈性大於 0.985 的機率分別超過 80％和 40％。圖 5.10 說明在大多數擾動情況下該供應鏈網路彈性非常高，但也有可能在一些擾動下網路彈性很小，且基於平均運輸距離的彈性分布比基於物流量的彈性分布更為平坦，這使得基於平均運輸距離的供應鏈網路彈性低於基於物流量的供應鏈網路彈性。

如前所述，隨著系統仿真次數的增加，彈性仿真誤差逐漸縮小，如圖 5.11 所示。透過我們的彈性度量，可以看出供應鏈網路兩個性能參數（物流量和平均運輸距離）都能滿足要求［即 $\widehat{E(\mathbb{R}_W)}>0.96$ 和 $\widehat{E(\mathbb{R}_{\overline{D}})}>0.96$］。

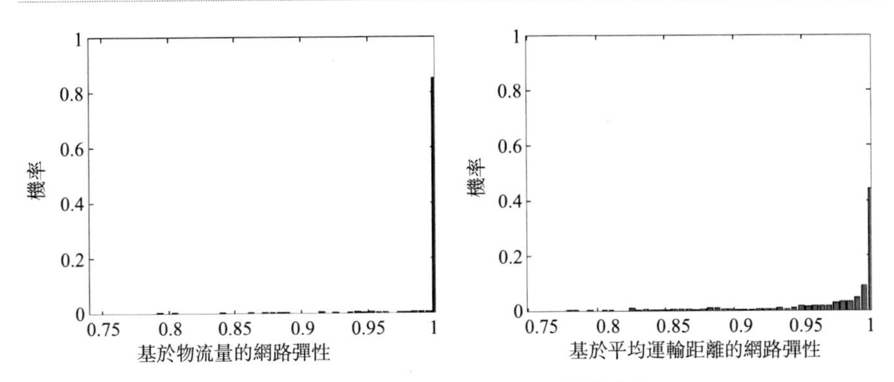

圖 5.10 遭受擾動後供應鏈網路性能直方圖

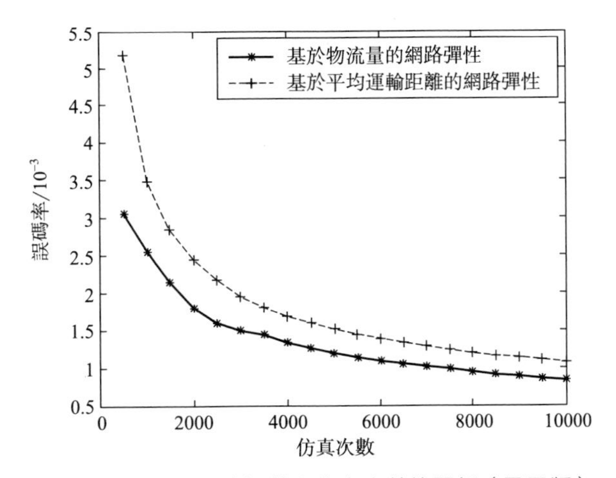

圖 5.11 彈性估計值誤差與仿真次數的關係（電子版）

5.6.4 不同供應鏈網路彈性對比

顯然，不同拓撲結構對應的系統彈性不同。這裡我們選用兩個拓撲結構與之前的計算結果進行對比，拓撲結構網路分別如圖 5.12 和圖 5.13 所示。為了便於比較，圖 5.12 和圖 5.13 中能保證平均運輸距離最小的鏈路均置於連接狀態，這樣保證了三個網路的初始性能相同，即物流量$W(t_0)=127000$，平均運輸距離 $\overline{D}(t_0)=1613.2\text{km}$。定義網路容量冗餘度是整個網路空閒容量和使用容量的比值，由此可知圖 5.5 的系統具有最大冗餘（即網路中相鄰兩級節點全連接），圖 5.12 的網路具有最小冗餘（即網路中能保證平均運輸距離最小的鏈路置於連接狀態，其他鏈路置於關閉狀態)，而圖 5.13 的網路冗餘度在上述兩個網路之間。

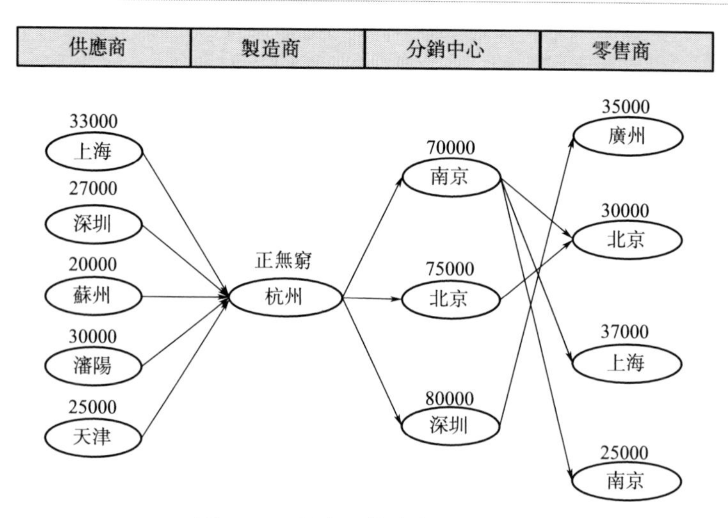

圖 5.12　最小平均路徑長度狀態

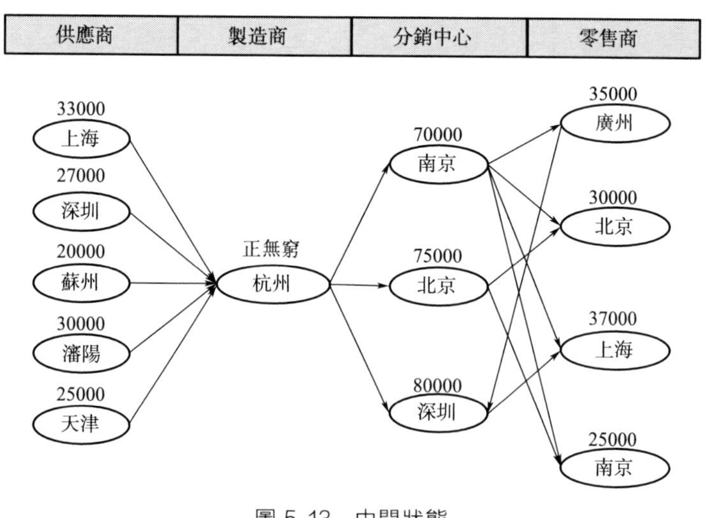

圖 5.13　中間狀態

使用本章的仿真方法，三種供應鏈網路的彈性對比如圖 5.14 所示。從中我們可以看出如下問題。

① $E(\widehat{\mathbb{R}_{W_5}}) > E(\widehat{\mathbb{R}_{W_{13}}}) > E(\widehat{\mathbb{R}_{W_{12}}})$，在本例中，三個供應鏈網路的冗餘程度排序為「圖 5.5>圖 5.13>圖 5.12」，我們發現基於物流量的供應鏈網路彈性隨著網路冗餘的降低而降低。這個現象發生的原

因是，在冗餘較大的網路中，流經降級節點的網路流量有較大的機率可以透過其他節點進行運輸。還可以看出，圖 5.12 所示的供應鏈網路彈性較低，不能滿足彈性期望大於 0.96 的要求。這樣的話，供應鏈網路管理者就需要採取措施以提高系統彈性。總體來說，對於基於物流量的供應鏈網路彈性而言，擁有更多冗餘的供應鏈網路，其基於物流量的彈性可能較高，但是也取決於各節點冗餘量的設置。為了提高基於物流量的供應鏈網路彈性，冗餘量需要被設置在合適的節點上。

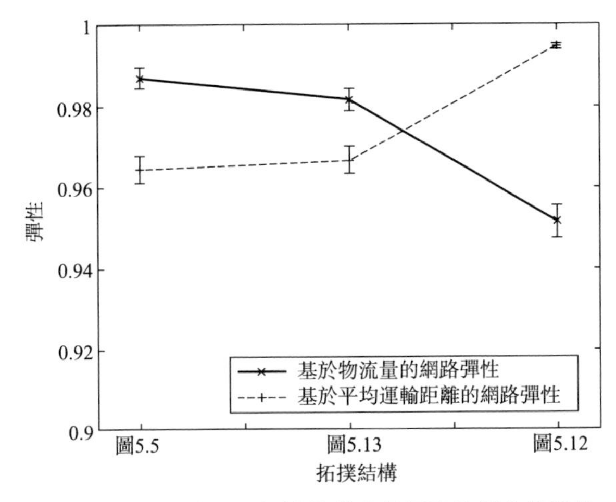

圖 5.14　擾動後三種拓撲的供應鏈網路性能曲線對比

② $E(\widehat{\mathbb{R}_{\overline{D}_5}})>E(\widehat{\mathbb{R}_{\overline{D}_{13}}})>E(\widehat{\mathbb{R}_{\overline{D}_{12}}})$，在本例中，基於平均運輸距離的供應鏈網路彈性隨著網路冗餘的降低而升高。不過實際上，很難透過分析得到基於平均運輸距離的彈性如何隨著網路冗餘變化而變化。由式(5.7) 可知，平均運輸距離由物流量和網路流量分布共同決定。如果供應鏈網路在遭受擾動後物流量降低，則不能得出基於平均運輸距離的網路彈性是否降低的結論。

綜上所述，在初始物流量相同的情況下，供應鏈網路拓撲結構冗餘度越高，其基於物流量的彈性越大，而基於平均運輸距離的彈性的變化趨勢卻不確定（網路拓撲結構冗餘度變大，基於平均運輸距離的彈性可能變大，也可能變小）。計算結果和預期結果相吻合，證明上述彈性評價方法是有效的。

參考文獻

[1] Deleris L A, Erhun F. Risk management in supply networks using Monte-Carlo simulation[C]//Proceedings of the 37th conference on winter simulation. Winter Simulation Conference, 2005: 1643-1649.

[2] Colicchia C, Dallari F, Melacini M. Increasing supply chain resilience in a global sourcing context [J]. Production Planning & Control, 2010, 21 (7): 680-694.

[3] Klibi W, Martel A. Scenario-based supply chain network risk modeling[J]. European Journal of Operational Research, 2012, 223 (3): 644-658.

[4] Schmitt A J, Singh M. A quantitative analysis of disruption risk in a multi-echelon supply chain[J]. International Journal of Production Economics, 2012, 139 (1): 22-32.

[5] Li R, Dong Q, Jin C, et al. A new resilience measure for supply chain networks [J]. Sustainability, 2017, 9 (1): 144.

[6] Metropolis N, Ulam S. The monte carlo method[J]. Journal of the American Statistical Association, 1949, 44 (247): 335-341.

[7] 徐鐘濟．蒙特卡羅方法[M]. 上海：上海科學技術出版社，1985.

[8] 王梓坤．機率論基礎及其應用[M]. 北京：科學出版社，1976.

[9] 楊為民，盛一興．系統可靠性數字仿真[M]. 北京：北京航空航天大學出版社，1990.

[10] Pereira M V F, Pinto L M V G. A new computational tool for composite reliability evaluation [J]. IEEE Transactions on Power Systems, 1992, 7 (1): 258-264.

[11] Billiton R, Allan R N. Reliability evaluation of power systems [M]. London: Pitman Advanced Publishing Program, 1984.

[12] Mikolinnas T A, Wallenberg B F. An advanced contingency selection algorithm[J]. IEEE Transactions on Power Apparatus and Systems, 1981 (2): 608-617.

[13] Dodu J C, Merlin A. New probabilistic approach taking into account reliability and operation security in EHV power system planning at EDF [J]. IEEE Transactions on Power Systems, 1986, 1 (3): 175-181.

[14] 張伏生，汪鴻，韓悌，等．基於偏最小二乘迴歸分析的短期負荷預測[J]. 電網技術，2003，27 (3)：36-40.

[15] 劉艷娟．面向失效風險環境的彈性供應鏈網路設計與運作集成優化[D]. 瀋陽：東北大學，2011.

[16] Shin K, Shin Y, Kown J H, et al. Risk propagation based dynamic transportation route finding mechanism[J]. Industrial Management and Data Systems, 2012, 112 (1), 102-124.

[17] Aboeifotoh H M, Colbourn C J. Efficient algorithms for computing the reliability of permutation and interval graphs [J]. Networks, 1990, 20 (7): 883-898.

[18] Patvardhan C, Prasad V C, Pyara V P. Generation of K-Trees of undirected graphs[J]. IEEE Transactions on Reliability, 1997, 46 (2): 208-211.

[19] Lin M S, Ting C C. A polynomial-time algorithm for computing K-terminal residual reliability of d-trapezoid graphs [J]. Information Processing Letters, 2015, 115 (2): 371-376.

[20] Satyanarayana A, Chang M K. Network reliability and the factoring theorem [J]. Networks, 1983, 13 (1): 107-120.

[21] Coit D W, Smith A E. Reliability optimization of series-parallel systems using a genetic algorithm [J]. IEEE Transactions on Reliability, 1996, 45 (2): 254-260.

[22] Hardy G, Lucet C, Limnios N. K-terminal network reliability measures with binary decision diagrams[J]. IEEE Transactions on Reliability, 2007, 56 (3): 506-515.

[23] Bruneau M, Chang S E, Eguchi R T, et al. A framework to quantitatively assess and enhance the seismic resilience of communities [J]. Earthquake Spectra, 2003, 19 (4): 733-752.

[24] Cimellaro G P, Reinhorn A M, Bruneau M. Seismic resilience of a hospital system [J]. Structure and Infrastructure Engineering 2010, 6 (1-2): 127-144.

[25] Reed D A, Kapur K C, Christie R D. Methodology for assessing the resilience of networked infrastructure [J]. IEEE Systems Journal, 2009, 3 (2): 174-180.

[26] Zobel C W. Representing perceived tradeoffs in defining disaster resilience[J]. Decision Support Systems, 2011, 50 (2): 394-403.

[27] Zobel C W, Khansa L. Characterizing multi-event disaster resilience[J]. Computers & Operations Research, 2014, 42: 83-94.

[28] Ouyang M, Dueñas-Osorio L, Min X. A three-stage resilience analysis frame-work for urban infrastructure systems[J]. Structural Safety, 2012, 36: 23-31.

[29] Ouyang M, Wang Z. Resilience assessment of interdependent infrastructure systems: with a focus on joint restoration modeling and analysis[J]. Reliability Engineering & System Safety, 2015, 141: 74-82.

[30] Edmonds J, Karp R M. Theoretical improvements in algorithmic efficiency for network flow problems[J]. Journal of the ACM (JACM), 1972, 19 (2): 248-264.

[31] Goldberg A V, Tarjan R E. A new approach to the maximum-flow problem [J]. Journal of the ACM (JACM), 1988, 35 (4): 921-940.

[32] Zio E. Computational methods for reliability and risk analysis [M]. Chapter Monte Carlo Simulation for Reliability and Availability Analysis; World Scientific: Singapore, 2009: 59-69.

[33] Weiss H J, Rosenthal E C. Optimal ordering policies when anticipating a disruption in supply or demand[J]. European Journal of Operational Research, 1992, 59 (3): 370-382.

[34] Tomlin B. On the value of mitigation and contingency strategies for managing supply chain disruption risks [J]. Management Science, 2006, 52 (5): 639-657.

[35] Lin Y K. System reliability of a stochastic-flow network through two minimal paths under time threshold [J]. International Journal of Production Economics, 2010, 124 (2): 382-387.

[36] Lin Y K. Stochastic flow networks via multiple paths under time threshold and

budget constraint [J]. Computers & Mathematics with Applications, 2011, 62(6): 2629-2638.

[37] Mi J. Interval estimation of availability of a series system[J]. IEEE transactions on reliability, 1991, 40(5): 541-546.

[38] Upadhya K S, Srinivasan N K. Availability of weapon systems with multiple failures and logistic delays[J]. International Journal of Quality & Reliability Management, 2003, 20(7): 836-846.

[39] Myrefelt S. The reliability and availability of heating, ventilation and air conditioning systems[J]. Energy and Buildings, 2004, 36(10): 1035-1048.

第6章

擾動識別與系統彈性測評

6.1 研究背景

如前所述，彈性可以衡量系統在受到擾動後抵禦擾動並快速恢復的能力。為了了解系統彈性，可以透過分析評價，也可以透過測試評估。然而目前彈性評估多採用分析方法，對測評方法研究較少，但之前學者們在彈性綜合評估方面的一些研究成果，也可借鑑到系統彈性測評研究中。例如：Vugrin 等（2010）[1] 針對基礎設施系統和經濟系統提出了一個通用的彈性評估框架。該框架包括三部分：①為基礎設施系統定義彈性；②確定度量系統彈性的定量模型；③評估系統內在特性以確定彈性度量結果。文章針對地震場景給出了彈性定性評估方法，具體包括五個步驟：識別感興趣系統和子系統、識別系統性能指標、評估或仿真恢復路徑、評估或仿真恢復工作、識別彈性增強特性和評估彈性能力。Shafieezadeh 等（2014）[2] 提出基於場景的彈性評估框架來評價關鍵基礎設施彈性，並對一個港口城市仿真實現了給定擾動事件下在 0～T 時間內基於性能積分的系統彈性分析評價。該評估框架主要包括：擾動強度度量指標的形成、系統組件性能、系統恢復計劃、隨機服務需求和系統運行模型等。該彈性評價方法考慮了多種不確定性，主要包括了災難的強度機率模型、系統部件的性能、恢復模型、服務需求、系統操作模型等。Francis 和 Bekera（2014）[3] 針對工程系統和基礎設施系統提出了一個彈性分析框架，包括系統辨識、彈性目標設定、脆弱性分析和相關利益者參與。他們認為彈性分析具有迭代性質，彈性測評流程是一個閉環過程。2014 年美國能源部[4] 召開了專門會議，討論制定了關鍵基礎設施彈性評估體系，其中給出了系統彈性測評的流程，包括七個步驟，即定義彈性目標、構建彈性指標系統、定義擾動事件、評估擾動強度、系統建模、評估事故後果和評估彈性提升措施，如圖 6.1 所示。Jeffers 等（2016）[5] 還提供了一個方法來分析城市在遭受不同攻擊或者自然災害下的彈性，該方法被用作分析

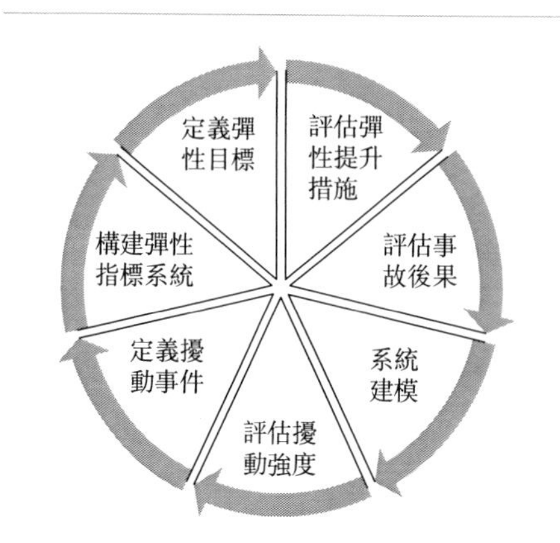

圖 6.1　能源基礎設施網路彈性評估流程

城市應對諾福克和漢普頓水道的洪水的彈性。

本章將圍繞系統彈性測評方法展開研究，重點包括系統擾動識別和給定擾動下的彈性測評[6-8]。其中，擾動識別是彈性測評的基礎，明確了系統可能遭受的擾動，以便有針對性地在彈性測評中選擇樣本對系統彈性行為進行評估；給定擾動下的彈性測評是系統彈性測評的一部分，本章給出了具體的實施方法，該方法可用於了解系統彈性水準，發現彈性薄弱環節，也可為給出系統彈性改進方法提供依據。

6.2 彈性度量

6.2.1 確定型彈性度量方法

本章採用 5.4 節中所闡述的彈性度量方法，但考慮到正常情況下，系統的性能未必完全能達到要求［即 $Q_0(t)$ 不一定總等於 1］，因此，針對現有確定型彈性參數在系統間彈性比較分析、物理含義和適用性等方面存在的問題，兼顧考慮無擾動下的系統性能可能非定值的情況，本文基於定義 5.1 中給出的系統彈性定義，考慮正常情況下系統性能歸一化結果未必始終為 1，給出確定型彈性計算方法如下[7]：

$$\mathbb{R}_D=\frac{\int_{t_0}^{T_a+t_0} Q(t)\,\mathrm{d}t}{\int_{t_0}^{T_a+t_0} Q_0(t)\,\mathrm{d}t} \tag{6.1}$$

式中，$Q(t)$ 為擾動發生後的某時刻 t 的關鍵性能指標（KPI）歸一化值；$Q_0(t)$ 為正常狀態下某時刻 t 的 KPI 歸一化值；t_0 為擾動事件發生的時刻；T_a 為用户所要求的恢復時間。該確定型彈性度量參數是$Q(t)$和 $Q_0(t)$ 分別在區間$[t_0, T_a+t_0]$內的性能積分的比值。圖 6.2 給出了兩種系統的彈性行為。圖 6.2(a) 表示系統在最大允許時間內恢復到了初始性能，圖 6.2(b) 表示系統沒有在最大允許時間內完全恢復，其中 t_1 是系統性能完全恢復的時刻。這一確定型參數反映了系統受擾動後在所要求的恢復時間內的平均性能水準，適用於分析單次擾動。

由於系統性能指標不能實時獲取且數值具有波動性，性能測量過程中往往採取的是等間隔測量，所以系統的性能積分可以用數值積分中的梯形公式來近似計算，如下式：

$$\int_{t_0}^{T_a+t_0} Q(t)\,\mathrm{d}t \approx \frac{\sum_{k=1}^{s}\left[Q_k + Q_{k-1}\right]\Delta t}{2} \tag{6.2}$$

式中，Δt 為性能測量間隔；Q_k 為擾動發生後系統在第 k 個 Δt 時刻的性能參數歸一化值。

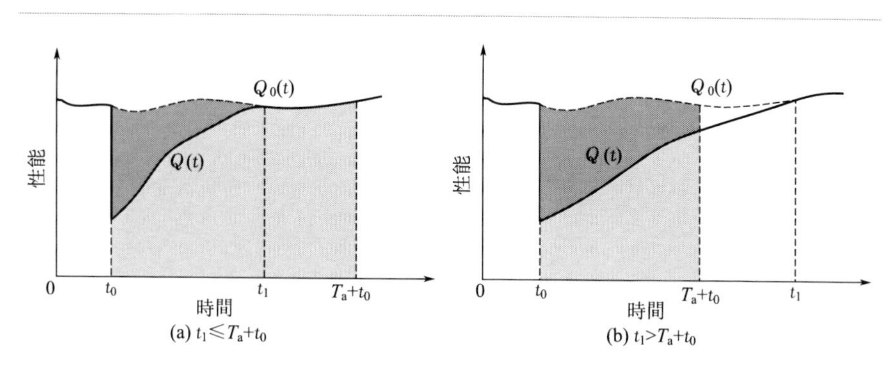

圖 6.2　系統彈性基本參數示意圖

6.2.2　系統關鍵性能參數選取與性能歸一化

不同的關鍵性能參數通常具有不同的量綱，為了消除關鍵性能參數之間的不同量綱對彈性度量的影響，在彈性度量參數的構建之前，往往需要先將關鍵性能參數歸一化[9-11]。

研究對象不同，關鍵性能參數不同，即便統一研究對象，也會存在多個性能參數的情況，因此，這裡我們按照關鍵性能參數的特徵將其分為望大型（即參數取值越大越好）、望小型（即參數取值越小越好）和望目型（即參數取值越接近目標值越好）三類，再逐一分析各類參數的性能歸一化方法。舉例來說，控制輸出性能多為望目型參數，如伺服電機的輸出目標值為給定信號；直接和間接經濟收入為望大型參數；傷亡數多為望小型參數。下面針對不同類型的關鍵性能參數，說明如何將 t 時刻的 KPI 值 $P(t)$ 歸一化為 $Q(t)$。

① 對於望大型關鍵性能參數，取性能最小可用值為 $P_{\min}$，性能閾值為 P_{th}，採用極大極小值法進行性能歸一化如下：

$$Q(t)=\begin{cases}1, & P(t)\geqslant P_{\mathrm{th}} \\ \dfrac{P(t)-P_{\min}}{P_{\mathrm{th}}-P_{\min}}, & P_{\min}\leqslant P(t)<P_{\mathrm{th}} \\ 0, & P(t)<P_{\min}\end{cases} \tag{6.3}$$

式中，當性能 $P(t)$ 達到（大於等於）閾值 P_{th} 時，取性能歸一化值 $Q(t)=1$，說明此時系統性能滿足要求；當性能 $P(t)$ 達不到性能最小可用值 P_{min} 時，取性能歸一化值 $Q(t)=0$，說明此時系統性能完全不可用；當性能介於閾值 P_{th} 和最小可用值 P_{min} 之間時，則透過極大極小值法計算當前可用性能 $P(t)-P_{min}$ 占正常性能 $P_{th}-P_{min}$ 的百分比，與 5.4 節所述「物流量」的歸一化方法一致。

② 望小型關鍵性能參數與望大型相反，取性能最大可用值為 P_{max}，性能閾值為 P_{th}，類似地採用極大極小值法進行性能歸一化如下：

$$Q(t)=\begin{cases}1, & P(t)\leqslant P_{th}\\ \dfrac{P_{max}-P(t)}{P_{max}-P_{th}}, & P_{th}<P(t)\leqslant P_{max}\\ 0, & P(t)>P_{max}\end{cases} \tag{6.4}$$

式中，當性能 $P(t)$ 達到（小於等於）閾值 P_{th} 時，取性能歸一化值 $Q(t)=1$，說明此時系統性能滿足要求；當性能 $P(t)$ 大於性能最大可用值 P_{max} 時，取性能歸一化值 $Q(t)=0$，說明此時系統性能完全不可用；當性能介於閾值 P_{th} 和最大可用值 P_{max} 之間時，則透過極大極小值法計算當前可用性能 $P_{max}-P(t)$ 占正常性能 $P_{max}-P_{th}$ 的百分比，與 5.4 節所述「平均運輸距離」的歸一化方法一致。

③ 望目型關鍵性能參數需要將系統性能維持在一定範圍之內，因此性能閾值有上下界（分別為 $P_{th,U}$ 和 $P_{th,L}$），再令 P_{min} 和 P_{max} 是性能參數規定的最小可用值和最大可用值，類似地採用極大極小值法進行性能歸一化如下：

$$Q(t)=\begin{cases}1, & P_{th,L}\leqslant P(t)\leqslant P_{th,U}\\ \min\left\{\dfrac{P(t)-P_{min}}{P_{th,L}-P_{min}},\dfrac{P_{max}-P(t)}{P_{max}-P_{th,U}}\right\}, & P_{min}\leqslant P(t)<P_{th,L} \text{ 或 } P_{th,U}<P(t)\leqslant P_{max}\\ 0, & P(t)<P_{min} \text{ 或 } P(t)>P_{max}\end{cases} \tag{6.5}$$

式中，當性能 $P(t)$ 介於閾值 $P_{th,U}$ 和 $P_{th,L}$ 之間時，取性能歸一化值 $Q(t)=1$，說明此時系統性能滿足要求；當性能 $P(t)$ 大於性能最大可用值 P_{max} 或小於性能最小值 P_{min} 時，取性能歸一化值 $Q(t)=0$，說明此時系統性能完全不可用；當性能介於閾值和極值之間時，則透過極大極小值法計算當前可用性能占正常性能的百分比，當性能 $P(t)$ 介於閾值 $P_{th,U}$ 和性能最大值 P_{max} 之間時，算法與望小型一致，當 $P(t)$ 介於閾值 $P_{th,L}$ 和性能最小值 P_{min} 之間時，算法與望大型一致。

6.3 擾動識別

系統往往面臨著各種各樣的擾動事件，這種擾動既可能是來自系統外部的干擾，也可能是來自系統內部的故障。擾動按照來源不同可以分為外部擾動和系統性擾動，詳細分類見圖 6.3。其中，常見外部擾動有地震、颱風、資訊攻擊、物理攻擊和人為誤操作等；系統性擾動是指系統的內部故障，也即可靠性工程中故障。擾動按照其作用範圍不同又可分為單點擾動和共因擾動。其中，單點擾動是指由於系統某個部位性能下降而導致系統性能下降的擾動；共因擾動則是指由共同的原因引起的系統多部位性能下降的擾動。系統可能面對的各類擾動是不可預測的，具有隨機特性。在研究系統的彈性時，應首先明確系統可能遭到的擾動行為。

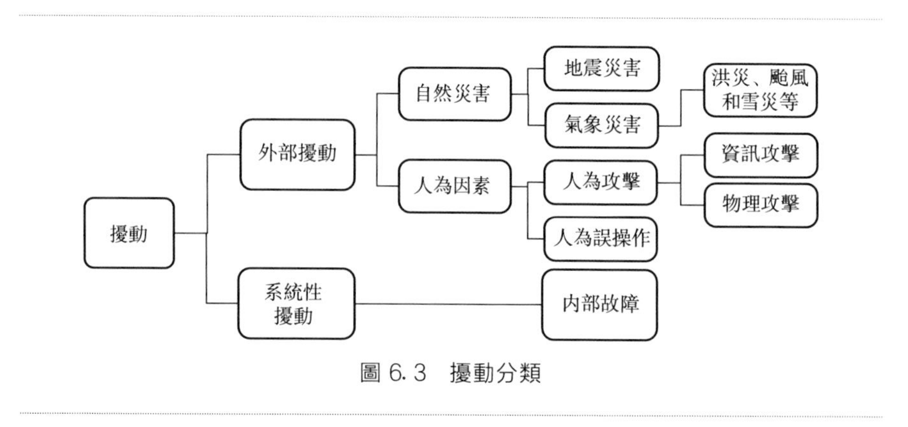

圖 6.3　擾動分類

擾動識別是指發現、辨認和描述系統在運行期間可能出現的各種擾動事件的過程，其目的是利用各種分析技術，確定使系統性能下降的各種可能的擾動事件、擾動強度及其頻率，即解決在彈性測評時需要考慮哪些擾動及其機率的問題，從而建立擾動事件庫並進行擾動樣本選擇。

6.3.1 擾動資訊線索表

為了幫助分析者識別擾動，我們透過文獻調查研究，查找了有關外部擾動（包含自然災害和人為因素）和系統性擾動（內部故障）的資料庫、研究者建立的統計模型、有關人為誤操作和內部故障的分析方法，建立了如表 6.1 所示的擾動線索表。該表可為擾動識別提供數據來源和依據。隨著後續研究的深入，線索表可以更深入、精細。

表 6.1 擾動線索表

擾動分類	外部擾動				系統性擾動
	自然災害		人為因素		內部故障
	地震災害	氣象災害	人為攻擊	人為誤操作	
資料庫	地震中心在線資料庫,如中國地震臺網(CSN)地震目錄[12]、美國國家地震資訊中心(NEIC)地震目錄[13]、國際地震中心(ISC)地震目錄[14]等,一般包含地震時間、地震地點(經緯度)、深度、震級等資訊	氣象災害統計,如中國氣象災害大典:綜合卷[15]和各個省份的地方卷,如中國氣象災害大典(北京卷)[16]等,包含災害出現時間、地點和災情(氣象要素、造成的危害)等	工業控制系統網路攻擊在線資料庫 RISI:包含發生時間、事件描述和事件後果等 美國國土安全部 ICS-CERT Year in Review	不適用	不適用
統計模型	災害損失估計工具軟體包:Hazus(潛在損失的模型)[17],Hazus 損失評估方法對災害類型和對評估對象建立了一系列的數學模型,來預測未來地震可能造成的破壞,如交通、電力和供水等公共設施的破壞情況以及計劃恢復破壞和影響的評估費用總額。這些模型描述出地震震級與地面振動劇烈程度、建築物和公共系統的破壞、修復費用和直接經濟影響之間的相互關係 地震對電力系統的影響:Poljanšek 等(2012)[18]建立了基於地理資訊系統的機率可靠性模型,以便生成系統由地震災害造成的系統脆弱性曲線,從而了解系統性能的變化情 地震對通訊系統的影響:董揚(2014)[19]透過建立在自然災害影響下的電力系統元件停運模型,利用蒙特卡羅算法,在	颶風對電力系統的影響:吳勇軍等(2016)[21]建立電網輸電線路在颶風和暴雨災害下的斷線、倒塔、閃絡等故障的機率模型,分析了颶風及暴雨對電網故障率的時空影響 冰對電力系統的影響:張恆旭等(2011)[22]建立了氣象動態與電氣動態混合仿真數學模型,設計了冰雪災害下電力系統運行模擬程序框架,開發了初步的冰雪氣象條件下電力系統運行模擬程序 王建學等(2011)[23]提出了一種隨時間變化的氣象模型,模擬了大規模冰災對輸電系統的影響過程,並建立了元件損壞的模型	人為攻擊對電力系統的影響:Zhu 等(2014)[26]對各類人為事件特別是恐怖襲擊對電力系統破壞方面進行了深入的探討和分析 Zhu 等(2014)[27]建立了重放攻擊數學建模,並分析了在重放攻擊下網路控制系統性能的下降情況 Amin 等(2009)[28]從機率統計的角度分別建立了干擾感測器測量數據、傳輸信號和控制器的控制信號的 DoS 攻擊模型 代明明(2016)[29]構建了電力系統局部區域的假數據注入攻擊(false data injection attacks,FDIA)模型,包括理想注入攻擊模型和實際注入攻擊模型,並從理論分析和仿真實驗兩個方面探究了局部區域的 FDIA 對電力系統的影響 劉景力(2013)[30]提出了基於改進的攻擊樹模型對資訊物理系統進行了風險評估分析 張雲貴(2015)[31]根據駭客對網路控制系統(NCS)通訊信道的攻擊	不適用	不適用

續表

擾動分類	外部擾動				系統性擾動
	自然災害		人為因素		
	地震災害	氣象災害	人為攻擊	人為誤操作	內部故障
統計模型	已知自然災害發生機率的前提下，對區域內自然災害對電力系統所造成影響的可能性和嚴重性後果進行評估 何永秀等(2011)[20]基於資訊擴散理論，建立自然災害發生的機率分析模型，並從供電企業停電損失、用戶停電損失、電力設備損壞三個方面分析了由於自然災害所造成的電網損失程度	侯慧等(2014)[24]透過覆冰成長模型(長期成長模型和短期成長模型)、冰災後果建模(對絕緣和機械受力等方面的建模)等說明了冰雪災害對電力系統的影響 李佳等(2007)[25]分析了雷電災害對工業控制系統危害的三種主要形式：直接雷擊、感應雷擊以及雷電電磁脈衝干擾	行為，建立了統一的信道攻擊模型，實現對篡改、竊聽、封鎖、重播等典型報文攻擊方式的數學描述。分析駭客對 NCS 控制過程的攻擊行為，引入駭客攻擊函數，建立了駭客對控制過程的攻擊模型，對控制系統狀態方程進行擴展，建立欺騙、DoS 等典型攻擊手段的數學模型，並對浪涌、偏差、幾何等典型攻擊策略進行數學描述 馬藝蕓(2015)[32]分析了恐怖襲擊下路網路段的危險程度，確定恐怖襲擊直接導致的失效路段範圍，在此基礎上研究恐怖襲擊導致路段失效的流量再分配特徵，建立後果評估指標體系，構建評價恐怖襲擊對交通網路影響的數學模型 陶耀東等(2016)[33]分析了工業控制系統網路安全可能面臨的威脅，並認為工控系統的安全需要解決兩類威脅：對於「無意識威脅」，構造防風、防水、防火避雷等物理環境與報警系統，以避免自然災害；對於儀器老化等自身問題，採用 PHM 技術，監督預測管理設備的生命狀態。對於惡意威脅源則需要用到多種安全技術 盧慧康(2014)[34]對常見的網路攻擊方法進行研究，並運用常見的網路攻擊方法對一種典型工業控制系統進行測試，完整復現遭受攻擊後的惡劣後果 王華忠等(2013)[35]採用攻擊樹	不適用	不適用

續表

擾動分類	外部擾動				系統性擾動
	自然災害		人為因素		內部故障
	地震災害	氣象災害	人為攻擊	人為誤操作	
統計模型			建模方法，建立汙水處理廠電腦控制系統攻擊樹模型，對該控制系統的資訊安全進行分析 曹華陽(2014)[36]給出統一描述社會域、資訊域、物理域攻擊方式的網路空間威脅描述方法，構建關鍵基礎設施網路跨域滲透式入侵模型	不適用	不適用
系統分析				操作人員任務分析，包含操作人員需要執行的活動內容、決策所需要的資訊、可能的潛在錯誤等資訊 人因差錯識別：動作差錯模式分析，包括人因差錯模式、人因差錯原因、人因差錯後果和風險評估等資訊；人因 HAZOP(危險與可操作性分析)，動作錯誤描述、原因、後果和機率等；系統人因差錯減少和預測方法(SHERPA)，包括動作錯誤模式、動作錯誤原因、動作模式後果、機率和嚴重程度等 人因錯誤機率量化：人因錯誤速率預測技術(THERP)，可以進行任務分析，人因錯誤識別和表示以及人因錯誤機率量化；人因錯誤評估和減少技術(HEART)，可以對指定環境下的人因錯誤機率進行估值；認知可靠性和錯誤分析方法(CREAM)，可以預測潛在的人因錯誤，也可以對錯誤進行量化和分析	故障模式、影響與危害性分析(FMECA)，包含故障模式、故障原因、故障機率嚴酷度和故障影響等資訊

6.3.2 擾動識別過程

擾動識別主要包括三項工作：①擾動模式識別；②擾動發生率識別；③擾動強度識別。與故障模式影響分析（failure mode and effect analysis，FMEA）[37] 相似，擾動識別也可自底向上迭代進行，透過定義約定層次，逐級分析低層次的擾動對上一層次造成的影響。擾動識別結果可記錄在如表 6.2 所示的表格中。

表 6.2 擾動識別與分析框架

初始約定層次： 分析人員： 審核： 第 頁 共 頁

約定層次： 批準： 填表日期：

代碼	產品	擾動模式	擾動發生率	擾動強度
擾動標識	被擾動作用的部件	對擾動模式的描述	單位時間內發生該擾動事件的次數	擾動引起系統性能下降的能力

表中各欄目的填寫說明見表中相應欄目的描述。表中的「初始約定層次」處填寫「初始約定層次」的產品名稱；「約定層次」處則填寫正在被分析的產品緊鄰的上一層次產品名稱，當「約定層次」級數較多（一般大於 3 級）時，應自底向上按「約定層次」的級別一直分析，直至「約定層次」為「初始約定層次」相鄰的下一級時，才構成一套完整的擾動識別和分析表。

（1）擾動模式識別

擾動模式識別是擾動分析的基礎和開端，在進行擾動分析時要求盡可能地列出系統所有可能的擾動類型。在擾動識別的過程中，應關注兩種極端的情況：一種是擾動發生的可能性很低，但是一旦發生，其後果極為嚴重；另一種是發生的可能性很高，但每一次所造成的後果程度很低。無論是第一種情況下的後果極其嚴重，還是第二種情況下的頻繁發生所帶來的累積效應，都會對系統彈性分析造成很大影響。所以確定擾動模式必須考慮候選事件的廣泛性，其範圍小到系統可能發生的內部故障，大到極不可能發生的各種自然災害，如地震、颱風和雪災等。當然，我們一般很難發現所有的擾動模式，如果是針對現存系統，可以根據歷史事故或相關運行經驗來識別擾動模式；如果是針對新研系統，則可利用相似環境、相似系統的經驗等來識別擾動模式。表 6.1 所示的擾動線索表也可為分析者識別擾動提供幫助。

（2）擾動發生率識別

擾動發生率即相應擾動事件的發生機率。對擾動識別中的任一擾動事件，均應進行可能性的分析。擾動發生率可幫助確定彈性測評時抽樣樣本的選擇。擾動發生率可以參考擾動線索表得出。

(3) 擾動強度識別

同一類擾動事件會有不同的擾動強度，而這些擾動強度也對應了相應的機率。舉例來說，颱風強度不同，對系統產生的擾動也不同。因此，擾動強度的描述包含強度及其相對機率。例如颱風的擾動強度可做如表 6.3 所示的描述。

表 6.3　擾動強度（颱風，示例）

中心風力	相對機率
6 級	0.6
7～9 級	0.39
9～11 級	0.009
11～13 級	0.0007
13～15 級	0.0002
15～17 級	0.0001

6.4 給定擾動下系統彈性測評方法

給定擾動下系統彈性測評是在明確具體擾動後，對系統彈性進行的測試和評估，用於評估系統在該擾動下的彈性水準。對給定擾動下的系統彈性測評不僅能評估指定擾動下的系統彈性值，而且是隨機擾動下系統彈性測評的基礎。在隨機擾動下系統彈性測評過程中，當確定完擾動樣本之後，就可按本節給定擾動彈性測評的方法與步驟進行測評，得到各擾動樣本對應的彈性估計值。

這裡，我們假定系統關鍵性能指標（key performance indicators，KPI）有 v 個，分別為 $P_1, P_2, \cdots, P_v$，v 為正整數。給定擾動下系統彈性的測評流程如圖 6.4 所示。

6.4.1 定義測試場景

考慮到不同場景下系統的響應是不同的（如網路對應的主要場景負載為流量），所以在系統彈性測評中首先要定義合適的測試場景。

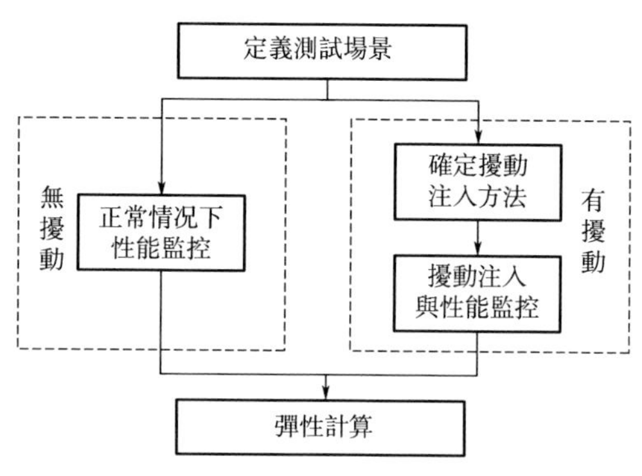

圖 6.4 給定擾動下系統彈性測評流程

一般地，可以根據系統典型應用場景定義 u 個測試場景（$u=1,2,\cdots,u$），記為 $\mathrm{Ben}_1,\mathrm{Ben}_2,\cdots,\mathrm{Ben}_u$。具體的測試場景因不同的系統及系統上運行的不同應用業務而不同，一般可以透過業務類型、使用方式和頻率等要素進行表徵。以 Yahoo 雲端服務 Benchmark（YCSB）項目(其目的是構建了一個標準化的 Benchmark，用於對不同系統在常用負載下進行比較）為例，其 Benchmark 要素包括讀寫比例、請求分布和請求大小等，並根據常見需求定義了 6 個基本 Benchmark。

6.4.2 正常情況下的性能監控

在正常情況（無擾動注入）下運行系統，並對關鍵性能參數進行監控記錄。測試過程中，在測試時間為 T_a 內分別在被測系統上運行測試場景 $\mathrm{Ben}_1\sim\mathrm{Ben}_u$，測試人員透過提前部署的性能監控工具對關鍵性能參數 $P_1,P_2,\cdots,P_v$ 進行監控，每 Δt 時間記錄性能參數測量值，記 Ben_i 場景下性能參數 P_j 在第 k 個 Δt 時刻的性能參數測量值為 $P_{i,j,k,0}$。根據所度量性能參數屬於望大型、望小型或望目型，選取式(6.3)～式(6.5) 對性能測量值 $P_{i,j,k,0}$ 進行歸一化，得到歸一化結果 $Q_{i,j,k,0}$。

在測試過程中，Δt 為評價的時間粒度，時間粒度應選取合適，時間粒度過大會導致計算結果誤差過大；過小則會增大性能監測需求，在實際應用中帶來不便。

6.4.3 確定擾動注入方法

擾動注入是透過人為地在目標系統中引入外部擾動或系統性擾動，

以加速系統產生性能降級或故障，然後透過分析擾動引入後的系統性能降級和恢復行為，實現系統彈性測評。這裡，擾動注入方法是維修性、測試性核查與驗證中關於故障注入（系統性擾動）在外部擾動行為方面的推廣。

擾動注入方法按擾動注入的運行環境及目標系統形式，可以劃分為基於物理實現的擾動注入和基於模擬實現的擾動注入[38]。其中，基於物理實現的擾動注入又分為基於硬體實現的擾動注入和基於軟體實現的擾動注入，以及綜合了基於軟體和硬體注入方法的混合注入；基於模擬實現的擾動注入則可分為晶體管開關級模擬擾動注入、邏輯級模擬擾動注入和功能級模擬擾動注入，具體分類如圖 6.5 所示。

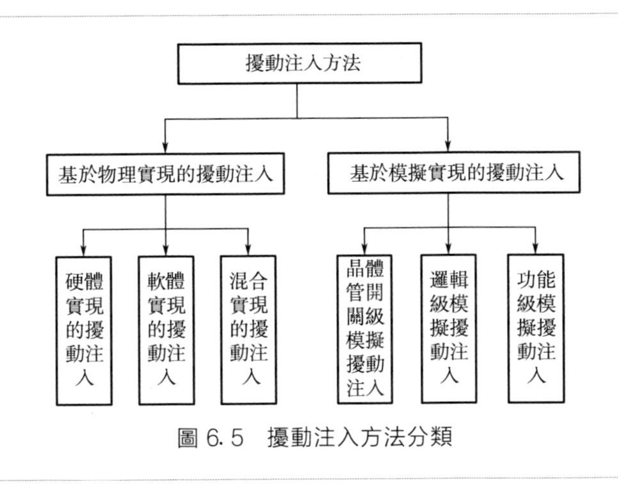

圖 6.5 擾動注入方法分類

6.4.4 擾動注入與性能監控

將給定擾動按照 6.4.3 節給出的擾動注入方法作用於正常運行的被測系統中，並對擾動注入後系統關鍵性能參數的變化情況進行監控。擾動注入與性能監控的原理圖如圖 6.6 所示。

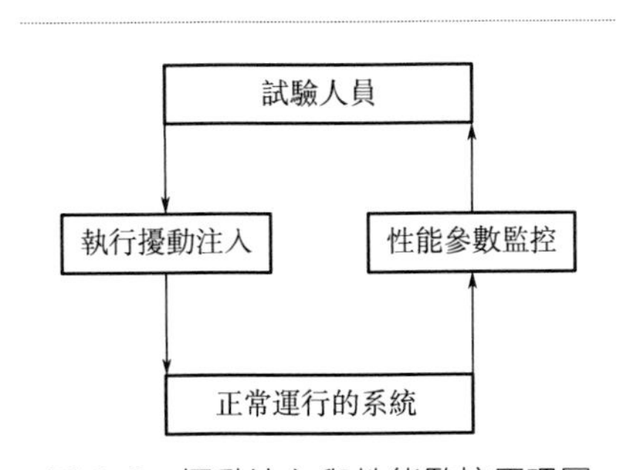

圖 6.6 擾動注入與性能監控原理圖

測試過程中，分別在被測系統上運行測試場景 $\mathrm{Ben}_1 \sim \mathrm{Ben}_u$，並將擾動注入正常運行的被測系統中。測試人員在測試時間 T_a 內對系統關鍵性能參數 $P_1, P_2, \cdots, P_v$ 進行監控，每 Δt 時間記錄擾動注入後性能參數的測量值。記擾動注入後在 Ben_i 場景下性能參數 P_j 在第 k 個 Δt 時刻的性能參數測量值為 $P_{i,j,k}$，其中 Δt 為評價的時間粒度。然後應用式(6.3)～式(6.5) 對參數 $P_{i,j,k}$ 進行歸一化，得到系統歸一化性能值 $Q_{i,j,k}$。

6.4.5 彈性計算

根據 6.2 節給出的系統確定型彈性度量方法，實現各關鍵性能參數在給定場景下的彈性計算，得到 $\mathbb{R}_{D,i,j}$。之後，再根據給定場景在使用中所占比例，綜合得到給定擾動的基於關鍵性能參數 j 的彈性評估結果。

$$\mathbb{R}_{D,j} = \sum_{i=1}^{u} \mathbb{R}_{D,i,j}\delta_i \tag{6.6}$$

式中，δ_i 是 Ben_i 場景在整個使用過程中所占時長比例。若要對各種關鍵性能參數進行綜合，則考慮其在系統性能評價中占的權重進行：

$$\mathbb{R}_D = \sum_{j=1}^{v} \mathbb{R}_{D,j}\omega_j \tag{6.7}$$

式中，ω_j 是關鍵性能參數 j 在評價中所占權重。

6.5 案例

6.5.1 問題描述

這裡，我們以某透過無線網路控制的直流伺服電機為例，介紹如何應用本章介紹的擾動識別和彈性測評方法。該直流伺服電機系統結構圖如圖 6.7 所示。該系統由直流電機、感測單元、執行單元、控制器和網路單元組成，是一個含有「感知-分析-決策-執行」的典型單元級 CPS 系統。其中，感測單元節點週期性地採集直流電機的轉速，並透過無線網路發送給控制器

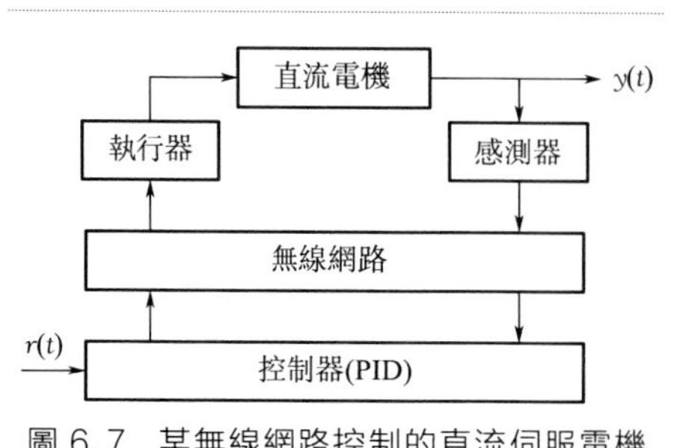

圖 6.7 某無線網路控制的直流伺服電機的系統結構圖

節點，控制器節點處理該數據得出控制信號，再透過無線網路將控制信號發送到執行單元，執行單元根據控制信號和參考輸入信號（用户期望得到的電機轉速）對被控對象實施作用，從而實現對直流電機轉速的伺服控制。

6.5.2 擾動識別

按照6.3節所述方法，定義「初始約定層次」為無線控制的直流伺服電機，「最低約定層次」為感測單元、執行單元、直流電機、網路單元和控制器等，並結合擾動線索表，對該系統進行擾動識別，結果如表6.4所示。

表6.4 某無線網路控制直流伺服電機擾動識別與分析框架

初始約定層次：直流伺服電機　分析人員：×××　審核：×××　第1頁　共1頁

約定層次：直流伺服電機　批準：×××　填表日期：2018-8-××

代碼	產品	擾動模式	擾動發生率 $/10^{-6}h^{-1}$	擾動強度
1	感測單元	短路	30	斷路
2		斷路	60	斷路
3		感測單元卡死[39,40]	80	卡死
4		感測單元恆增益變化[39,40]	300	比例係數 β 服從正態分布 $N(1,0.05^2)$
5		感測單元恆偏差失效[39,40]	200	偏差值 Δ 服從均勻分布 $U[-0.2,0.2]$
6		感測單元噪音干擾	330	隨機偏差 $x(t)$ 服從均勻分布 $U[-0.05,0.05]$
7	直流電機[41]	無法啓動	320	無法啓動
8		運行異常	28	轉速偏差服從正態分布 $N(0,5^2)$
9	網路單元	網路頻寬占用	60	頻寬占用服從均勻分布 $U[20\%,40\%]$
10		網路丟包	120	丟包率服從均勻分布 $U[0.6,0.9]$
11	控制單元[42]	控制資源被占用	240	計算資源占用服從均勻分布 $U[60\%,90\%]$
12		當機	60	當機

續表

代碼	產品	擾動模式	擾動發生率 $/10^{-6}h^{-1}$	擾動強度
13	執行單元[43]	執行單元卡死	160	卡死
14		執行單元恆增益變化	130	比例係數 β 服從正態分布 $N(1,0.05^2)$
15		執行單元恆偏差失效	150	偏差值 Δ 服從均勻分布 $U[-0.2,0.2]$
16		執行單元噪音擾動	320	隨機偏差 $x(t)$ 服從均勻分布 $U[-0.05,0.05]$
17	整機	地震	1.14	震級服從芮氏[6,8]級的均勻分布
18	整機	洪水	220	淹沒深度服從均勻分布 $U[0.1,0.3]$

6.5.3 彈性測評

這裡我們採用由瑞典隆德大學 Henriksson 等開發的一個基於 Matlab/Simulink 的實時網路控制系統仿真工具箱——TrueTime 建立無線控制的直流伺服電機仿真模型。無線控制的直流伺服電機仿真模型如圖 6.8 所示，該模型主要由感測單元/執行單元節點、控制器節點和無線網路模組等構成。感測單元/執行單元節點和控制器節點均透過實時內核模組（TrueTime kernel）來模擬，節點功能透過 Matlab 編程實現；無線網路節點透過無線網路模組（TrueTime wireless network）的網路相關配置來實現，模擬網路傳輸過程；直流電機用傳遞函數 $G(s)=1000/(s^2+s)$ 進行建模。

這裡，我們對無線網路遭受大流量拒絕服務攻擊（DoS 攻擊）致使 30％的網路頻闊被占用這一給定擾動行為進行彈性測評，用户定義的系統最大允許恢復時間假設為 $T_a=10s$，關鍵性能指標選取控制性能參數 P_1，它反映了該系統對直流電機的控制能力，能夠表徵系統對參考輸入信號的跟踪能力，P_1 參數是望目型參數，它的目標值為參考輸入信號，即由用户設定的直流電機的期望的轉速值（本例中設定為一個週期性的方波信號 P）。考慮到系統正常情況下的控制性能輸出，我們定義 P_1 的閾值下界 $P_{th,L}$ 和閾值上界 $P_{th,U}$ 分別規定為 $P\pm0.05$，即認為控制性能參數 P_1 與參考信號相差 0.05 之內系統無性能損失。考慮到在期望轉速為額定轉速的情況下，P_1 的超調量超過額定轉速的 20％可能會損壞電機，所以關鍵性能參數 P_1 的最小可用值 $P_{\min}$ 和最大可用值 $P_{\max}$ 規定為 $P\pm0.20$。

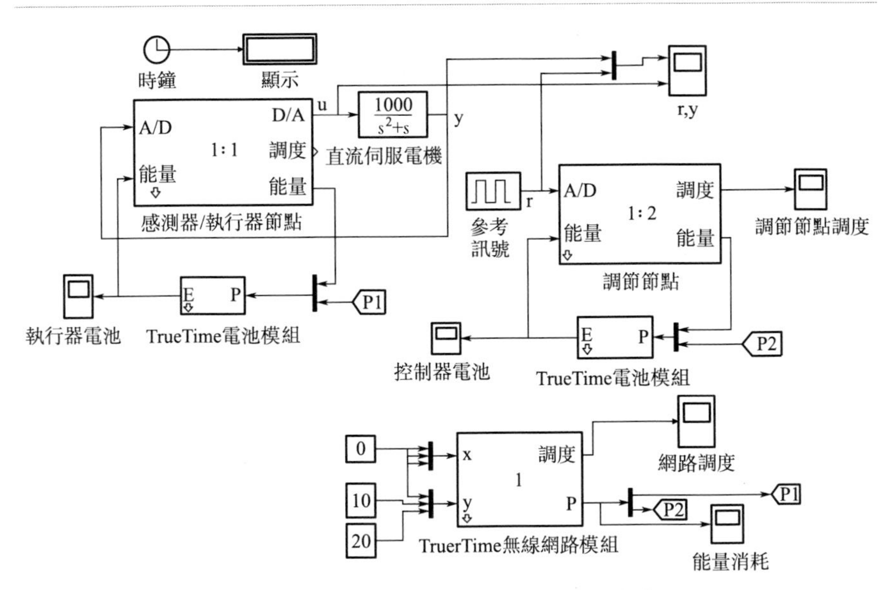

圖 6.8　某無線控制的直流伺服電機仿真模型

(1) 定義測試場景

根據 6.4 節所述方法，測評過程中，首先根據該系統的實際使用情況定義測試場景。由於該對象使用場景單一，因此只設置了一個測試場景 Ben_1。該測試場景中，系統使用了固定優先級調度策略，感測單元感測週期為 10ms，系統中無線網路的主要參數如表 6.5 所示。

表 6.5　無線網路主要參數表

參　數	取　值
網路頻寬	800Kbps
最小幀長	272bits
最大傳輸功率	30dBm
接收器信號閾值	−48dBm
ACK 超時	40μs
誤碼閾值	0.03
丟包率	0
最大重傳次數	5

(2) 正常情況下性能監控

系統在測試場景 Ben_1 下正常運行 $T_a = 10s$，透過 Simulink 中的 Scope 模組每 $\Delta t = 10ms$ 記錄一次關鍵性能參數的 P_1 值。系統在正常狀態下，其性能變化情況如圖 6.9 所示，其中實線表示參數 $P_{1,1,k,0}$($k = 1,2,\cdots,1000$)的變化，虛線表示該無線網路控制的直流電機期望達到的轉速。很顯然，實線越接近於虛線說明系統的性能越好。根據式(6.5)，可將 $P_{1,1,k,0}$ 歸一化為 $Q_{1,1,k,0}$。

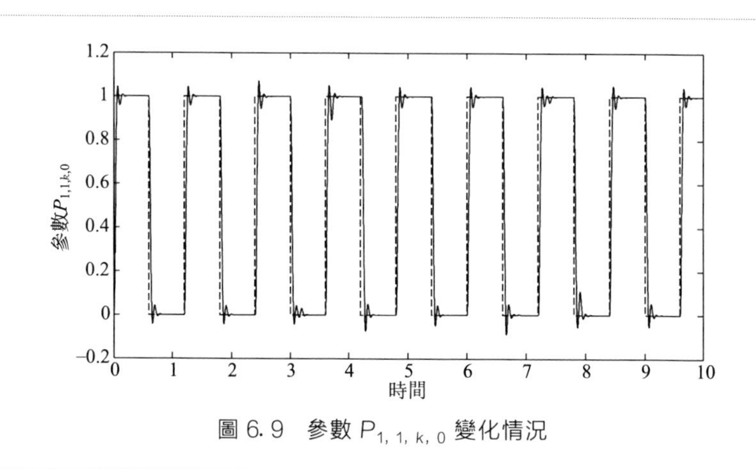

圖 6.9 參數 $P_{1,1,k,0}$ 變化情況

(3) 確定擾動注入方法

本案例中，設定的給定擾動為大流量拒絕服務攻擊（DoS 攻擊），使 30%的網路頻闊被占用。在系統的仿真模型中添加一個用於向網路發送干擾流量的干擾節點（圖 6.10 左下角）可以模擬該擾動。透過對擾動節點編程建立具有最高優先級的干擾任務，使該節點週期性地向網路中發送占網路頻闊 30%的數據。該擾動注入方法屬於模擬實現的擾動注入方法。

(4) 擾動注入與性能監控

透過設置干擾節點參數注入網路頻闊被占用 30%的擾動。顯然網路頻闊被占用過大將導致系統的信號傳輸出現較大時延，從而會導致系統對直流電機的控制性能下降。

在測試場景 Ben_1 下注入擾動，使系統運行 $T_a = 10s$，透過設置 Scopes 模組參數，每隔 10ms 記錄一次控制性能參數 P_1，其性能變化情況如圖 6.11 所示。其中，實線表示參數 $P_{1,1,k}$($k = 1,2,\cdots,1000$)的變化，虛線表示該無線網路控制的直流電機期望達到的轉速。對比圖 6.11

與圖 6.9，可發現在注入擾動後控制性能參數 P_1 的穩定性有顯著下降的趨勢，也就是擾動注入後系統控制性能下降。最後，根據式(6.5)，可將 $P_{1,1,k}$ 歸一化為 $Q_{1,1,k}$。

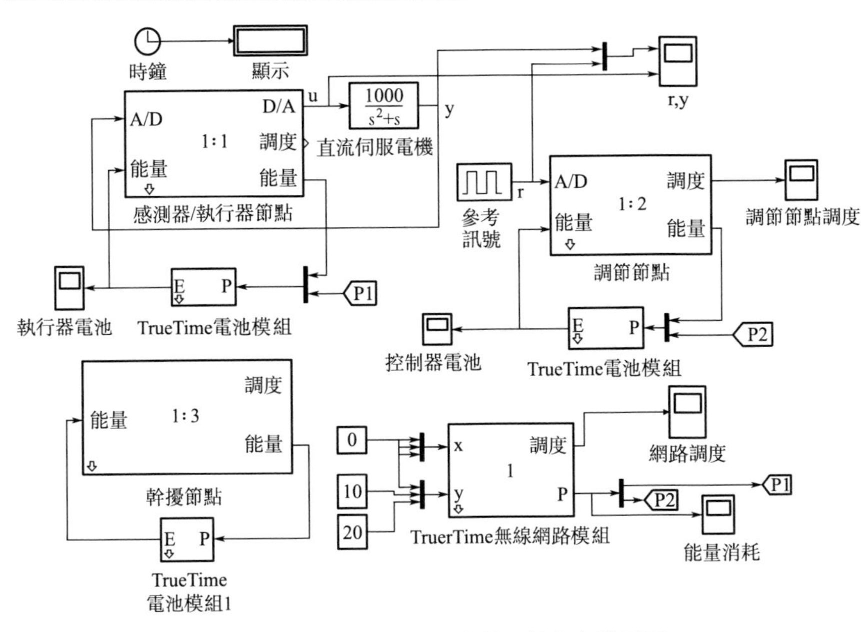

圖 6.10 加入干擾節點後的系統仿真模型圖

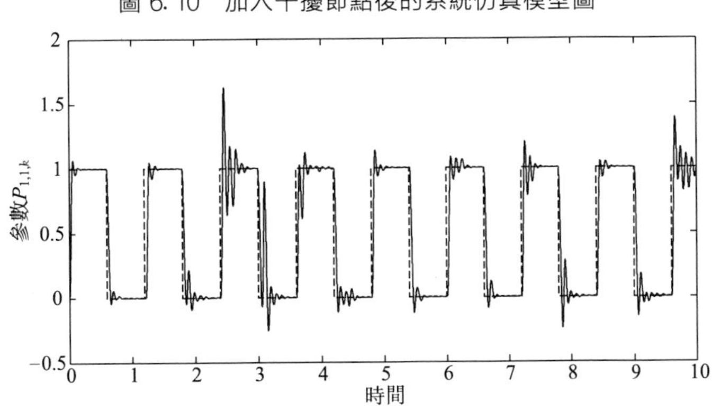

圖 6.11 網路頻閼擾動注入後參數 $P_{1,1,k}$ 變化情況

(5) 彈性計算

圖 6.12 給出了擾動（頻閼占用 30%）注入前後，系統歸一化後的性能參數輸出情況。圖中虛線表示系統正常狀態時的歸一化性能曲線，實線表示擾動作用下的歸一化性能曲線。

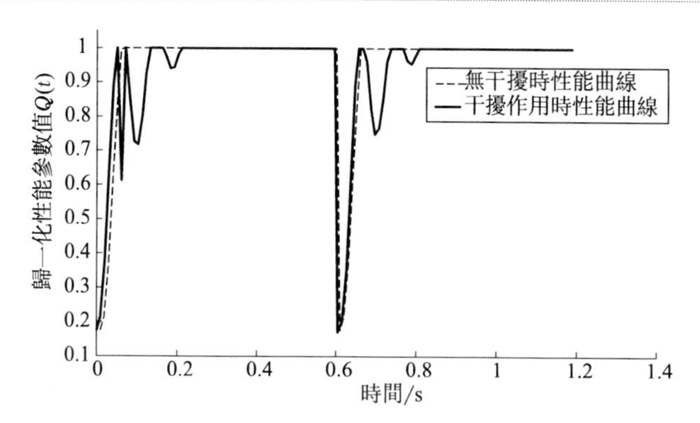

圖 6.12 擾動（頻關占用 30%）注入前後系統性能參數歸一化曲線

計算正常情況下 T_a 時間內的系統性能積分：

$$\int_{t_0}^{T_a+t_0} Q_{1,1,0}(t)\mathrm{d}t \approx \frac{\sum_{k=1}^{N}[Q_{1,1,k,0}+Q_{1,1,k-1,0}]\Delta t}{2}=9.496$$

類似地，計算給定擾動下 T_a 時間內的系統性能積分：

$$\int_{t_0}^{T_a+t_0} Q_{1,1}(t)\mathrm{d}t \approx \frac{\sum_{k=1}^{N}[Q_{1,1,k}+Q_{1,1,k-1}]\Delta t}{2}=9.081$$

如此，可得到注入 30%通訊頻關被占用這一擾動後，該直流伺服電機系統關鍵性能參數 P_1 在測試場景 Ben_1 下的系統彈性值為：

$$\mathbb{R}_{D,1,1}=\frac{\int_{t_0}^{T_a+t_0} Q_{1,1}(t)\mathrm{d}t}{\int_{t_0}^{T_a+t_0} Q_{1,1,0}(t)\mathrm{d}t}\approx\frac{9.081}{9.496}=0.956$$

由於這裡僅有一個測試場景和一個關鍵性能參數，因此 $\mathbb{R}_D=\mathbb{R}_{D,1}=\mathbb{R}_{D,1,1}=0.956$。

6.5.4 影響分析

(1) 參數 T_a 的取值對彈性的影響

參數 T_a 為由用户定義的系統最大允許恢復時間，參數 T_a 的不同取值對系統彈性值的影響見圖 6.13，系統彈性隨著參數 T_a 的變化在均值為 0.959、方差為 0.006 附近波動。這是因為該系統在克服擾動的調節過程中呈現出明顯的振盪衰減特性，所以隨著參數 T_a 的選擇不同，彈性值會有所不同。

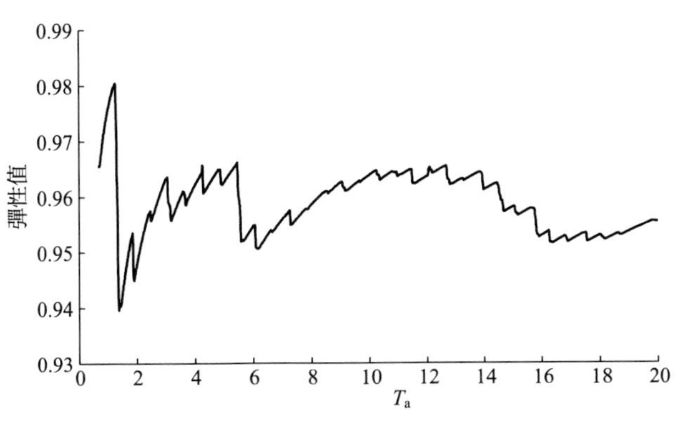

圖 6.13　參數 T_a 取值對系統彈性值的影響

(2) $P_{th,L}$ 和 $P_{th,U}$ 的取值對彈性的影響

參數 $P_{th,L}$ 和 $P_{th,U}$ 分別為望目型關鍵性能參數的閾值下界和閾值上界，如果滿足相應的閾值要求，$Q(t)$ 的值將會取 1，如果不滿足相應的閾值要求，則會應用式(6.5)進行歸一化處理。本案例中取 $(1\pm\Delta_{th}\%)P$ 作為閾值上下限，透過參數 Δ_{th} 來研究參數 $P_{th,L}$ 和 $P_{th,U}$ 的取值對系統彈性評估值的影響，其中 Δ_{th} 為相應閾值要求與參考信號 P 的偏差。參數 Δ_{th} 取值的不同對系統彈性值的影響見圖 6.14。由圖 6.14 可知，參數 Δ_{th} 的取值對系統彈性取值有顯著影響，即系統彈性評估值隨著參數 Δ_{th} 取值的增大而增大。

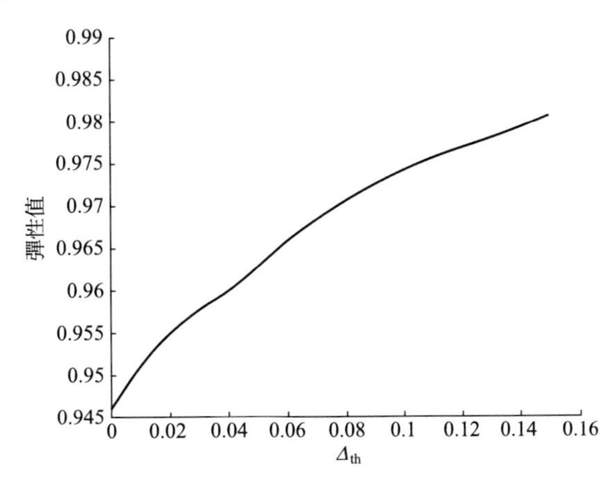

圖 6.14　參數 Δ_{th} 取值對系統彈性值的影響

這是因為，閾值上下界 $P_{th,L}$ 和 $P_{th,U}$ 的取值越大說明系統對控制性能參數 P_1 波動的容忍能力越強，相應地應用式(6.5) 進行歸一化時，更多的性能參數被歸一化為 1，從而導致了系統彈性評估值隨著參數 Δ_{th} 取值的增大而增大。

參考文獻

[1] Vugrin E D，Warren D E，Ehlen M A，et al. A framework for assessing the resilience of infrastructure and economic systems[M]// Sustainable and resilient critical infrastructure systems. Springer Berlin Heidelberg，2010：77-116.

[2] Shafieezadeh A，Burden L I. Scenario-based resilience assessment framework for critical infrastructure systems：case study for seismic resilience of seaports [J]. Reliability Engineering & System Safety，2014，132 (12)：207-219.

[3] Francis R，Bekera B. A metric and frameworks for resilience analysis of engineered and infrastructure systems[J]. Reliability Engineering & System Safety，2014，121 (1)：90-103.

[4] Watson J P，Guttromson R，Silva-Monroy C，et al. Conceptual framework for developing resilience metrics for the electricity，oil，and gas sectors in the United States [R]. Albuquerque，New Mexico：Sandia National Laboratories，2014.

[5] Jeffers RF，Shaneyfelt C，Fogleman WE，et al. Development of an urban resilience analysis framework with application to Norfolk，VA [R]. Albuquerque，NM （United States）：Sandia National Laboratories，2016.

[6] 馬文停. 隨機擾動下資訊物理系統彈性測評方法研究[D]. 北京：北京航空航天大學，2018.

[7] Ma W，Li R，Jin C，et al. Resilience test and evaluation of networked control systems for given disturbances[C]// The 2nd international conference on reliability systems engineering （ICRSE）. IEEE，2017：1-5.

[8] Li R，Tian X，Yu L，et al. A systematic disturbance analysis method for resilience evaluation[J]. Sustainability，2019，11 (5) :1447.

[9] Bruneau M，Chang S E，Eguchi R T，et al. A framework to quantitatively assess and enhance the seismic resilience of communities [J]. Earthquake Spectra，2003，19 (4)：733-752.

[10] Reed D A，Kapur K C，Christie R D. Me-thodology for assessing the resilience of networked infrastructure [J]. IEEE Systems Journal，2009，3 (2)：174-180.

[11] Ouyang M，Dueñas-Osorio L，Min X. A three-stage resilience analysis framework for urban infrastructure systems [J]. Structural Safety，2012，36 (4)：

23-31.

[12] 中國地震臺網中心.http: //www.csndmc.ac.cn/newweb/data/csn_catalog_p001.jsp.

[13] 美國地質勘探局，2017. https: //earthquake.usgs.gov/earthquakes/.

[14] 國際地震中心，2017. http: //www.csndmc. ac. cn/newweb/data/isc _ catalog _ p001.jsp.

[15] 温克剛，丁一匯. 中國氣象災害大典：綜合卷[M]. 北京：氣象出版社，2008.

[16] 謝璞，郭文利，軒春怡. 中國氣象災害大典：北京卷[M]. 北京：氣象出版社，2005.

[17] 美國聯邦應急管理署，2017. https: //www.fema.gov/hazus.

[18] Poljanšek，K，Bono F，Gutiérrez E. Seismic risk assessment of interdependent critical infrastructure systems：the case of European gas and electricity networks[J]. Earthquake Engineering & Structural Dynamics 2012，41(1)：61-79.

[19] 董揚. 自然災害影響下的電力系統風險評估及其規劃研究[D]. 瀋陽：東北大學，2014.

[20] 何永秀，朱茳，羅濤，等. 城市電網規劃自然災害風險評價研究[J]. 電工技術學報，2011，26(12)：205-210.

[21] 吳勇軍，薛禹勝，謝雲雲，等. 颱風及暴雨對電網故障率的時空影響[J].電力系統自動化，2016，40(2)：20-29.

[22] 張恆旭，劉玉田. 極端冰雪災害對電力系統運行影響的綜合評估[J]. 中國電機工程學報，2011，31(10)：52-58.

[23] 王建學，張耀，吳思，等. 大規模冰災對輸電系統可靠性的影響分析[J]. 中國電機工程學報，2011，31(28)：49-56.

[24] 侯慧，李元晟，楊小玲，等. 冰雪災害下的電力系統安全風險評估綜述[J]. 武漢大學學報（工學版），2014，47(3)：414-419.

[25] 李佳，楊仲江，高貴明. 工業控制系統的雷電災害防護技術研究[J]. 災害學，2007，22(2)：51-55.

[26] Zhu Y，Yan J，Tang Y，et al. Resilience analysis of power grids under the sequential attack[J]. IEEE Transactions on Information Forensics and Security，2014，9(12)：2340-2354.

[27] Zhu M，Martínez S. On the performance analysis of resilient networked control systems under replay attacks[J]. IEEE Transactions on Automatic Control，2014，59(3)：804-808.

[28] Amin S，Cárdenas A A，Sastry S S. Safe and secure networked control systems under denial-of-service attacks[C]. International Workshop on Hybrid Systems：Computation and Control. Berlin，Heidelberg：Springer，2009：31-45.

[29] 代明明. 電力系統局部區域假數據注入攻擊研究[D]. 成都：西南交通大學，2016.

[30] 劉景力. 資訊物理系統風險評估分析與設計[D]. 北京：北京郵電大學，2013.

[31] 張雲貴. 資訊物理融合的網路控制系統安全技術研究[D]. 哈爾濱：哈爾濱工業大學，2015.

[32] 馬藝蕓. 恐怖襲擊對路網影響後果研究[D]. 成都：西南交通大學，2015.

[33] 陶耀東，李寧，曾廣聖. 工業控制系統安全綜述[J]. 電腦工程與應用，2016，52(13)：8-18.

[34] 盧慧康. 工業控制系統脆弱性測試與風險評估研究[D]. 上海：華東理工大學，2014.

[35] 王華忠，顏秉勇，夏春明. 基於攻擊樹模型的工業控制系統資訊安全分析[J]. 化工自動化及儀表，2013，40(2)：219-221.

[36] 曹華陽. 關鍵基礎設施網路安全模型與安全機制研究[D]. 長沙：國防科學技術大學，2014.

[37] GJB/Z 1391—2006. 故障模式，影響及危害性分析指南 [S]. 北京：總裝備部，2006.

[38] 徐光俠. 分布式實時系統的軟體故障注入及可靠性評測方法研究[D]. 重慶：重慶大學，2011.

[39] 房方，魏樂. 感測器故障的神經網路資訊融合診斷方法[J]. 感測技術學報，2000，13（4）：272-276.

[40] 蔡鵲. 控制系統的神經網路故障診斷方法[D]. 長沙：湖南大學，2009.

[41] 王吉文，陳建軍，趙宇紅. 電動機啓動故障分析及處理[J]. 電子世界，2014（4）：39-39.

[42] 本書編寫組. PLC 故障資訊與維修代碼速查手册[M]. 北京：機械工業出版社，2014.

[43] 高閃，梅勁松. 輸入非線性系統的執行器故障容錯控制[J]. 資訊與控制，2015，44（4）：463-468.

第7章

複雜網路系統彈性規律研究

7.1 研究背景

複雜系統往往呈現出結構複雜性特徵，透過複雜網路理論和方法可以很好地描述這類系統的內部結構和彼此間的相互聯繫。通常，網路結構系統可看作是由一系列部件（子系統）彼此連接組成的，如果將這些部件抽象為節點，部件間的連接關係抽象為邊，則可用複雜網路的方法表示系統的結構關係。複雜系統的彈性特徵非常明顯，一方面來源於系統的拓撲結構，另一方面來源於部件自身的彈性。複雜網路理論為這類系統彈性研究提供了一個全新的視角，複雜網路不僅是一種數據的表現形式，它同樣也是一種科學研究的手段，最終目標是更好地理解系統行為。

Gao 等（2015）[1] 在關於複雜網路彈性最新進展的綜述中提出，對於複雜網路彈性的研究主要基於三個因素：網路結構、網路動力學和故障機理。根據上述複雜網路彈性研究關注點，我們總結了目前該領域的相關主要研究成果。

7.1.1 基於網路拓撲參數的彈性度量

目前，針對複雜網路彈性的研究大都以目標網路的某一個（或多個）拓撲結構特徵參數作為彈性的度量基礎，進而探索這些指標參數隨故障/干擾節點比例的變化規律，以及不同網路結構對網路彈性的影響。例如：Najjar 和 Gaudiot（1990）[2] 將網路彈性定義為網路 G 以機率 $1-p$ 保持連接時可以承受的最大節點故障數，即 $NR(G,p)=\max\{I \mid \sum_{i=1}^{I} P(G,i)\leqslant p\}$。並在此基礎上定義了相對網路彈性，用以反映網路以機率 $1-p$ 保持連接時可以承受的最大節點故障數占網路節點數的比例，即 $RNR(G,p)=NR(G,P)/n$。在小於 1% 的中斷機率下，分析一些規則網路（如立方環、圓環、超立方體）的網路彈性隨網路規模的變化規律，發現當網路度不變時，網路彈性為網路節點數 n 的遞減函數，因此度相同的大規模網路比小規模網路更易產生中斷故障。Klau 和 Weiskircher（2005）[3] 在他們的研究中也採用了 Najjar 和 Gaudiot（1990）[2] 的網路彈性定義。在網路彈性研究中，研究者基於刪除最重要節點對網路影響最大的假設提出了許多不同的蓄意攻擊策略，因此圖論中的節點重要度指標，如度、接近度、強度、介數中心性和聚類係數，也用作了節點刪除的排序準則。Osei-Asamoah 和 Lownes（2014）[4] 在對生物網和實際交通網拓撲彈性的研究中，透過在仿真中對鏈路施加蓄意和隨機干擾，分析兩種情況下網路彈性隨鏈路故障比例的變化趨勢，以及識別性能下降50%時的鏈路故障比例。其中，彈性度量指標包括：①全局效率（global efficiency）$\Psi(G)=\frac{1}{n(n-1)}\sum_{i\neq j\in G}\frac{1}{d_{ij}}$，式中，$n$ 為網路 G 中節點的數量；d_{ij} 為節點 i 與節點 j 之間的最短距離；②最大連通子團的相對大小（relative size of giant component）：$\Phi_E=\frac{E'_G}{E_G}$，式中，E'_G和 E_G 分別為干擾後最大連通子團鏈路數量和未受干擾網路中鏈路數量。進一步，透過皮爾遜相關係數分析網路彈性與網路拓撲（平均度、聚類係數、密度）間的關係。在網路科學的研究中，效率一般用於度量網路節點間資訊是如何被有效地交換的，而最大連通子團的相對大小用來表示網路的拓撲完整性。與此類似的是，Berche 等（2009）[5] 在對公共交通網路遭受攻擊後的彈性行為研究中，選擇與網路崩潰有關的最大連通子團（giant connected component）節點的相對變化 Φ_N 和網路效率作為網路行為變化的信號，其中，$\Phi_N=N'_G/N_G$，N'_G和 N_G 分別是擾動後和正常情況下網路中的最大連通子團節點個數。考慮到用最大連通子團的大小來表徵複雜網路彈性時，由於通常關注網路完全崩潰時的臨界值 q_c，容易忽略網路遭受一個大的損害但並未完全崩潰的情況，因此 Schneider 等（2011）[6] 提出了在所有可能惡意攻擊期間考慮最大連通子團規模的魯棒性度量 $R=\frac{1}{n}\sum_{Q=1}^{n}\Phi_N(Q)$，式中，$n$ 為網路節點數量；$\Phi_N(Q)$ 為刪除 Q 節點後最大連通子團中節點的相對變化。Chen 和 Hero（2014）[7] 調查了不同中心性測度［介數、接近度、特徵矢量中心性、度、局部費德勒向量中心性（LFVC）］攻擊下的電網彈性——由攻擊引起的最大連通子團規模的減少。採用他們提出的中心性攻擊措施，攻擊者可以僅攻擊0.2%的節點數就使網路最大連通子團規模減小近1/2。中心性指標確定後，通常採用順序刪除具有最高中心性度量結果的貪婪節點刪除策略，即當節點刪除後則重新計算中心性指標。在利用這些拓撲參數進行複雜網路彈性分析的基礎上，研究者提出了透過邊重構[4,7] 和邊增加[7,8] 的方式提高網路彈性，從而有效預防網路系統遭受基於中心性的攻擊。Dkim 等（2017）[9] 在對韓國電網的彈性分析中，用網路效率度量網路對節點故障或級聯故障和恢復的響應。類似地，Ghedini 等（2014）[10] 提

出了基於效率度量來減弱中心節點故障影響的機制，降低網路系統的整體脆弱性。他們透過在網路中增加新的鏈路，顯著降低了攻擊和故障對所評估屬性（網路效率和最大連通子團）的影響。Zhao 等（2011）[11] 根據不同的網路成長模型生成了相同規模的三類供應網路［隨機、無標度和 DLA（degree and locality-based attachment）］，以供應可用率（供應需求可得到滿足的節點所占百分比）、最大功能子網規模（最大功能子網的節點數）和最大功能子網（largest functional subnetwork，LFSN）的平均路徑長度和最大路徑長度作為彈性度量參數來研究上述三類供應網路分別在隨機干擾和蓄意干擾下的網路彈性行為，其中供應可用率 $A=|V_{\mathrm{BS}}|/|V_{\mathrm{B}}|$，$|V_{\mathrm{B}}|$ 是需求節點數量，$|V_{\mathrm{BS}}|$ 是可獲得供應的需求節點數量；LFSN 的平均路徑長度 $C_{\mathrm{avg}}=\dfrac{\sum\limits_{i\in V_{\mathrm{LS}}}\sum\limits_{j\in V_{\mathrm{LB}}}d_{ij}}{|V_{\mathrm{LS}}|\,|V_{\mathrm{LB}}|}$，$|V_{\mathrm{LS}}|$ 和 $|V_{\mathrm{LB}}|$ 分別是 LFSN 的供應節點 V_{LS} 和需求節點 V_{LB} 的數量，d_{ij} 為節點 i 與節點 j 之間的最短距離；LFSN 的最大路徑長度 $C_{\max}=\max(d_{ij})$。與之前的研究相比，Zhao 等（2011）[11] 基於節點數和路徑長度的彈性度量中更突出了使用需求。Pandit 和 Crittenden（2012）[12] 根據城市配水系統拓撲結構，提出了一種綜合了 6 個網路屬性的彈性指標，包括網路直徑、特徵路徑長度、中心點優勢度、崩潰臨界比、代數連通度和網狀係數，其中網路直徑 $d=\max\limits_{i\neq j}(d_{ij})$ 為網路中任意兩節點間最短距離的最大值，d_{ij} 為節點 i 與節點 j 之間的最短距離；特徵路徑長度 $l=\dfrac{1}{n(n-1)}\sum\limits_{i\neq j}d_{ij}$，$n$ 為網路中節點個數；中心點優勢度 $c'_{\mathrm{b}}=\dfrac{\sum\limits_{i=1}^{n}[c_{\mathrm{b}}(n_{\mathrm{k}}^{*})-c_{\mathrm{b}}(n_i)]}{n-1}$，$c_{\mathrm{b}}(\cdot)$ 是節點的介數值，節點 n_{k}^{*} 為介數中心節點（即介數值最大），n_i 代表節點 i，n 為網路中節點數量；崩潰臨界比 $f_{\mathrm{c}}=1-\dfrac{1}{\kappa_0-1}$，$\kappa_0=\langle\kappa_0^2\rangle/\langle\kappa_0\rangle$ 為擾動發生前網路節點的平均度；代數連通度 l_2 是歸一化拉普拉斯矩陣的第二小特徵值；網狀係數 $r_{\mathrm{m}}=\dfrac{f}{2n-5}$，$f$ 是網路中環路數。前兩個屬性與系統效率相關，第三個屬性反映了特定節點在維持網路完整性方面的能力，而最後三個屬性是網路對一個或多個網路節點或鏈路故障後系統的魯棒性和路徑冗餘的度量。

眾所周知，根據工業界和學術界對系統彈性的理解，系統受干擾後的恢復能力被認為是系統彈性的重要展現。顯然，上述這些基於網路拓撲結構參數的彈性研究僅僅關注網路中節點或邊受到攻擊/干擾後（透過節點/邊的刪除）這些拓撲參數的變化趨勢，而忽略了網路的恢復過程。有學者在研究中已經考慮了系統擾動後的恢復過程，如 Bhatia 等（2015）[13] 也認為彈性量化需要測量故障和恢復兩個過程，在對印度鐵路網彈性量化中，以站點的隨機故障和隨機恢復作為基準故障和恢復過程，分別比較根據站點度量指標（度和流量）蓄意攻擊下的故障過程和根據不同網路中心性測度（介數、特徵矢量、緊密度）進行針對性恢復的恢復過程，進而得到最大連通子團相對變化大小 Φ_N 隨站點故障/恢復比例的變化曲線。雖然這裡網路系統彈性的量化從系統彈性定義的兩個方面（即對擾動的吸收、抵抗和擾動後恢復的能力）出發，但故障過程和恢復過程為兩個獨立的過程，分別在基於節點屬性的蓄意攻擊策略和基於網路中心性的恢復策略下完成，沒有很好地展現完整的彈性定義。

上述研究工作都是對網路整體進行彈性量化，而僅有少數研究關注網路系統中的單元/部件的彈性評估，也很少有針對網路節點彈性的一些相關定量方法。Rosenkrantz 等（2009）[14] 規定節點/邊故障後得到的子網中一個節點的服務請求可由該子網的其他節點提供，則子網為自給自足（self-sufficient）。基於此作者定義了網路的邊彈性和節點彈性，分別為使得該網路具有 k 邊/節點故障網路仍然能自給自足的最大整數值。更進一步，趙洪利等（2015）[15] 針對網路資訊系統，結合最大連通分支節點數和最大連通分支的平均最短路徑分別定義了整網彈性度量和節點彈性度量，其中網路彈性度量為

$$\mathbb{R}_S=\frac{t(G-S)}{n}\times\frac{|S|+t(G-S)}{l(G-S)}$$

式中，$G-S$ 表示從 G 中移去 S 集合中節點所得到的圖；$t(G-S)$ 表示 $G-S$ 最大連通分支節點數；n 為網路 G 的節點數；$|S|$ 表示被移去的（失效的）節點或邊的個數；$l(G-S)$ 表示 $G-S$ 最大連通分支的平均最短路徑；$t(G-S)/n$ 作為比例因子，用以消除不同規模的遺留分支可能出現相同平均最短路徑的影響。節點彈性度量為：

$$\mathbb{R}_i=1-\frac{t(G-i)}{n}\times\frac{1+t(G-i)}{l(G-i)}\bigg/\left[\frac{t(G)}{n}\times\frac{t(G)}{l(G)}\right]$$

式中，$t(G-i)$ 和 $l(G-i)$ 分別表示去掉節點 i 後網路剩餘的最大分支節點數和該最大分支的平均最短路徑；$t(G)$ 和 $l(G)$ 表示原始網路 G 的最大連通分支節點數和該最大分支的平均最短路徑。根據給定的彈性度量，他們分析了基於度的惡意攻擊下，單節點攻擊和大規模攻擊時網路的彈性變化，發現即使該網路彈性較好，但骨幹節點遭受大範圍攻

擊時網路也會癱瘓。

表 7.1 總結了基於拓撲參數的複雜網路彈性參數及其定義、表達式。

表 7.1 基於拓撲參數的複雜網路彈性參數及其定義、表達式

參數	定義	數學表達
最大節點故障數[2,3]	網路以機率 $1-p$ 保持連接時可以承受的最大節點故障數	①網路彈性： $NR(G,p)=\max\{I \mid \sum_{i=1}^{I}P(G,i)\leqslant p\}$ ②相對網路彈性： $RNR(G,p)=\frac{NR(G,p)}{n}$，其中 n 為網路 G 的節點數
最大連通子團規模(SCC, size of giant component)及在其基礎上變化的度量[4-6,7,8,10,11,13]	擾動後最大連通子團規模的變化 最大連通子團規模表示網路拓撲完整性，其消失與網路崩潰有關	①最大連通子團的相對大小： $\Phi_E=\frac{E'_G}{E_G}$和$\Phi_N=\frac{N'_G}{N_G}$ ②基於最大連通子團節點數的魯棒性度量 $R=\frac{1}{n}\sum_{Q=1}^{n}\Phi_N(Q)$
全局效率(Global Efficiency)[4,5,9,10]	測量網路節點間資訊是如何被有效地交換的	全局效率： $\Psi(G)=\frac{1}{n(n-1)}\sum_{i\neq j\in G}\frac{1}{d_{ij}}$
①供應可用率； ②LFSN 平均供應路徑長度和最大供應路徑長度[11]	①可獲得供應的需求節點所占百分比 ②LFSN 中所有供應節點和需求節點對之間的平均和最大最短路徑長度	①供應可用率：$A=\lvert V_{BS}\rvert/\lvert V_B\rvert$ ②LFSN 平均供應路徑長度： $C_{\text{avg}}=\frac{\sum_{i\in V_{\text{LS}}}\sum_{j\in V_{\text{LB}}}d_{ij}}{\lvert V_{\text{LS}}\rvert\,\lvert V_{\text{LB}}\rvert}$ LFSN 最大供應路徑長度：$C_{\max}=\max(d_{ij})$
網路結構度量組合[12]	①網路直徑：最短測地路徑的最大值 ②特徵路徑長度：最短路徑長度平均值 ③中心點優勢度：介數中心節點和其他節點之間的介數平均差值 ④崩潰臨界率：當節點隨機故障比例 f 超過 f_c，最大連通子團消失，網路崩潰 ⑤代數連通度：歸一化拉普拉斯矩陣的第二小特徵值 ⑥網狀係數：網路中實際環路數與最大可能的環路數之比，網路路徑冗餘測度	①網路直徑：$d=\max\limits_{i\neq j}(d_{ij})$ ②特徵路徑長度： $l=\frac{1}{n(n-1)}\sum_{i\neq j}d_{ij}$ ③中心點優勢度： $c'_b=\frac{\sum_{i=1}^{n}[c_b(n_k^*)-c_b(n_i)]}{n-1}$ ④崩潰臨界率： $f_c=1-\frac{1}{\kappa_0-1}$ ⑤網狀係數：$r_m=\frac{f}{2n-5}$

續表

參數	定義	數學表達
最大連通分支節點數＋最大連通分支平均最短路徑[15]	網路節點之間物理和邏輯連通性最重要、最基本的「互聯互通互操作」要素	$\mathbb{R}_S=\frac{t(G-S)}{n}\times\frac{\mid S\mid+t(G-S)}{l(G-S)}$

7.1.2 基於網路性能參數的彈性度量

當然，除了從拓撲結構對複雜網路的彈性進行度量，研究者也從系統性能角度開展了相應的研究。有的彈性度量是透過系統受擾動後的性能降級情況進行計算的，如 Garbin 和 Shortle（2007）[16] 提出用網路鏈路性能損壞百分比和節點性能損壞百分比作為網路彈性度量。類似地，在對海底通訊線纜網路的彈性度量，Omer 等（2009）[17] 將網路系統的基本彈性定義為網路受到干擾後的資訊傳輸量與干擾前的比：$\mathbb{R}_{網路}=\frac{V-V_{損失}}{V}$，其中網路初始的資訊傳輸值 V 是需要透過網路傳輸的資訊總量，傳輸的損失值 $V_{損失}$ 是線纜損壞導致的資訊丟失量；同理他們也給出了端到端的彈性度量為干擾後兩節點間資訊傳遞量與干擾前的資訊傳遞量之比：$\mathbb{R}_{節點}=\frac{V_{節點}-V_{節點損失}}{V_{節點}}$。與彈性三角關注性能下降和恢復過程不同，這裡的網路彈性參數僅關注恢復結果，透過現有需求、容量和流量資訊探索節點到節點的彈性和網路整體彈性。此外，Farahmandfar 等（2016）[18] 針對供水管網結合魯棒性（管道或供水管網承受壓力的能力）和冗餘（系統補償部件故障引起的損失的能力）提出了一個結合管道可靠性的彈性量化方法：$\mathbb{R}=\frac{\sum_{i=1}^{N_n}\left\{\left[\sum_{j=1}^{N_i}(1-P_{fj})\right]Q_i\right\}}{4\sum_{i=1}^{N_n}(Q_i)}$。式中，$N_n$ 為供水管網的節點總數；N_i 為與節點 i 連接的鏈路總數（也被稱為節點的度，冗餘作為節點度的測度，是該彈性表達式的基礎，並且隨著節點度的增大，彈性 $\mathbb{R}$ 也增大）；P_{fj} 為鏈路 j 的故障率（受管道物理情況及其所受災害強度的影響，由 $1-P_{fj}$ 計算得到）；Q_i 為節點 i 每分鐘的需求。還有一類彈性度量聚焦於系統受擾動後的恢復情況，如 Wang 等（2010）[19] 在企業資訊系統的彈性度量研究中關注系統局部損壞後的恢復能力，他們用最大的恢復能力來測量企業資訊系統的彈性，根據給定的各不同功能恢復順序集合 $S=[(1),\cdots,(i),\cdots,(m)]$，給出了系統彈性測量：$\mathbb{R}=\max\sum_{i=1}^{m}w_i\frac{FR_i}{c_i(S)}\times\frac{FD_i}{d_i}$。式中，$c_i(S)$ 為功能集合 S 中第 i 個功能恢復完成時間；d_i 為功能 i 恢復所需要的時間；FD_i 表示系統所需功能 i（如網路伺服器的性能可透過伺服器支持的每秒最大訪問量來衡量）的全部性能；FR_i 表示功能 i 可恢復的性能；w_i 為功能 i 在所有功能中的權重，代表功能 i 的重要性。進一步，若所有的功能都可完全恢復，系統彈性為 $\mathbb{R}=\max\sum_{i=1}^{m}w_i\frac{d_i}{c_i(S)}$，顯然，若所有功能都可在所需時間內恢復，$\mathbb{R}$ 將大於 1；若所有的功能恢復不能在需求的時間內容完成，$\mathbb{R}$ 將小於 1，則 $\mathbb{R}$ 值越大系統彈性越好。當然，也有的彈性度量綜合了性能降級和恢復過程，如天然氣傳輸網路，其傳輸功能可能定義為在規定時間內輸送到目的節點的商品總量，Golara 和 Esmaeily (2016)[20] 根據給定的傳輸功能提出了基於「彈性三角」概念的動態網路彈性度量，展現了網路系統干擾後的功能函數的下降和恢復過程，即 $\mathbb{R}(G,C_0)=\sum\int_{t_0}^{t_1}\left[100-\frac{\partial F_{\mathrm{AB}(t)}}{\partial x_{ij(t)}}\right]\mathrm{d}t$。式中，$t_0$ 和 t_1 為擾動發生時刻和系統性能完全恢復時刻；$F_{\mathrm{AB}}(t)$ 為最大流情況下節點 A 和節點 B 之間 t 時刻的流量（節點 A 和節點 B 可以是管道兩端或任意節點，為彈性度量的源點和宿點）；$x_{ij}(t)$ 為網路鏈路 ij（節點 i 到節點 j）的容量變化。

在基於網路性能的度量中，研究討論了部件彈性與系統彈性的關係。例如，對物流網路，其基礎功能是滿足所有節點的供應需求。如果發生供應中斷，能否快速恢復取決於三個關鍵因素：冗餘資源、分布式供應和可靠的運輸線路。從這個角度出發，Wang 和 Ip (2009)[21] 提出了一種物流網路彈性評估方法：首先透過需求節點對可能獲得的供應總和與其供應需求之比進行節點彈性評估，即 $\mathbb{R}_i=\frac{\sum_{j=1}^{g}p_jq_{(j,i)}\min\{d_i,s_j,c_{(j,i)}\}}{d_i}$。式中，$p_j$ 為供應節點 j 的可靠度，需求節點 i 對應的供應節點共 g 個；$q_{(j,i)}$ 為供應節點 j 到需求節點 i 的鏈路可靠度；d_i 為需求節點 i 的需求量；s_j 為供應節點 j 可提供的供應量；$c_{(j,i)}$ 為供應節點 j 到需求節點 i 的容量。然後，再對所有需求節點彈性加權求和，計算整個物流網的彈性，即 $\mathbb{R}=$

$\sum_{i=1}^{n_1} \min\left\{\frac{\sum_{j=1}^{n_2} s_j - \sum_{i=1}^{n_1} d_i}{d_i}, 1\right\} w_i \mathbb{R}_i$。式中，$n_1$ 和 n_2 為供應節點數量；w_i 為需求節點 i 的權重，透過該節點需求量占總需求量之比計算。類似地，一個城市間運輸系統的基礎功能是將乘客或貨物從起始城市運送到目的城市，一旦事故發生，恢復運輸系統的有效方法是選擇另一條路徑，因此兩個城市間運輸功能的快速恢復很大程度上依賴於兩城之間是否存在其他支路。基於這個思想以及 Steiglitz（1969）[22] 早期的研究結論——節點間的冗餘連接會提高網路生存性（survivability），Ip 和 Wang（2011）[23] 認為城市節點的彈性可由網路中所有其他城市節點的可靠通路的加權和來評估，即 $\mathbb{R}_i = \sum_{j=1, j\neq i}^{n} v_j \sum_{k=1}^{m} \prod_{l \in L_k(i,j)} q_l$。式中，$v_j$ 為節點 j 的權重，透過節點 j 的人口數量除以網路中除了節點 j 以外其他節點的人口數量之和計算；q_l 為鏈路 l 的可靠度，$L_k(i, j)$ 為節點對 i 和 j 之間的第 k 條通道；m 為節點對 i 和 j 之間的通道數量；n 為網路中節點數量。然後透過所有節點彈性的加權和來計算網路彈性，即 $\mathbb{R}(G) = \sum_{i=1}^{n} w_i \mathbb{R}_i$。式中，$w_i$ 為節點 i 的權重，透過其所占節點人口數量比重計算。這裡，Wang 和 Ip 都從系統如何從事故中快速恢復的角度來量化系統彈性，沒有考慮系統對干擾的抵抗、吸收及適應能力。另外，雖然他們透過加權求和建立了網路整體彈性和節點彈性之間的關係，但僅根據物流系統節點的需求和運輸系統城市節點的人口數確定的權值來計算網路整體彈性，沒有反映節點彈性與網路彈性間存在的內在聯繫。

表 7.2 列舉了基於性能的複雜網路彈性度量方法。

表 7.2　基於性能的複雜網路彈性度量方法

實際網路系統	系統功能/性能	數學表達
海底通訊線纜網路[17]	①功能：資訊傳遞 ②性能：透過網路傳輸的資訊量	①節點彈性：$\mathbb{R}_{節點} = \frac{V_{節點} - V_{節點損失}}{V_{節點}}$ ②網路彈性：$\mathbb{R}_{網路} = \frac{V - V_{損失}}{V}$
供水管網[18]	①功能：供水 ②性能：管道可靠性，節點度	網路彈性： $\mathbb{R} = \frac{\sum_{i=1}^{N_n}\left\{\left[\sum_{j=1}^{N_i}(1-P_{fj})\right]Q_i\right\}}{4\sum_{i=1}^{N_n}(Q_i)}$

續表

實際網路系統	系統功能/性能	數學表達
企業資訊網路系統[19]	①多種功能組合 ②性能：如網路伺服器功能的性能為伺服器所支持的每秒最大訪問量	服務系統彈性： $\mathbb{R}=\max\sum_{i=1}^{m}w_i\frac{FR_i}{c_i(S)}\times\frac{FD_i}{d_i}$
天然氣輸送網路[20]	①功能：傳輸 ②性能：規定時間內輸送到目的節點的商品總量	動態網路彈性： $\mathbb{R}(G,C_0)=\sum\int_{t_0}^{t_1}\left[100-\frac{\partial F_{\mathrm{AB}(t)}}{\partial x_{ij(t)}}\right]\mathrm{d}t$
物流網絡[21]	①功能：滿足所有需求節點的要求 ②性能：多餘的資源，分布式的供應，可靠的傳輸路線	①需求節點彈性： $\mathbb{R}_i=\frac{\sum_{j=1}^{g}p_jq_{(j,i)}\min\{d_i,s_j,c_{(j,i)}\}}{d_i}$ ②網路彈性： $\mathbb{R}=\sum_{i=1}^{n_1}\min\left\{\frac{\sum_{j=1}^{n_2}s_j-\sum_{i=1}^{n_1}d_i}{d_i},1\right\}w_i\mathbb{R}_i$
交通運輸網路[23]	①功能：將乘客或貨物從起始城市運送到目的城市 ②性能：所有城市節點間可靠通路數量	①節點彈性： $\mathbb{R}_i=\sum_{j=1,j\neq i}^{n}v_j\sum_{k=1}^{m}\prod_{l\in L_k(i,j)}q_l$ ②網路彈性： $\mathbb{R}(G)=\sum_{i=1}^{n}w_i\mathbb{R}_i$

7.1.3 複雜網路彈性規律研究

前面兩小節分別從網路拓撲和網路性能兩個方面介紹了複雜網路彈性度量方法的研究現狀，本小節介紹網路彈性規律的研究現狀。通常，可採用相同的彈性度量比較不同拓撲網路的彈性，如 Zhao 等(2011)[11] 就以最大功能子網規模（LFSN）和平均最大供應路徑長度作為彈性度量指標對隨機網路、小世界網路和 DLA 網路三種不同拓撲結構的網路彈性進行比較分析。Osei-Asamoah 和 Lownes (2014)[4] 也在他們的研究中用全局效能和連通子團相對規模作為彈性度量指標比較了生物網和交通運輸網彈性，此外還透過皮爾遜相關係數分析彈性與網路拓撲參數（平均度、密度、平均聚類係數）間的關係，發現兩者間存在線性關係，且彈性與平均度、密度間展現出更強的線性關係。除此之外，也有研究透過觀察各種攻擊場景下系統的行為，反映網路彈性的變化。如 Berche 等（2009）[5] 針對公共運輸網路考慮了包含隨機到蓄意的多種攻擊場景，透過彈性分析發現了公共運輸網路在攻擊後行為的多樣性，不同的攻擊場景可導致系統性能平穩下降或者發生突變。Chen 和 Hero（2014）[7] 調查了電網拓撲在不同攻擊策略下的網路彈性，分析了最大連通子團規模隨刪除節點比例增加的變化趨勢，可以發現不同的攻擊策略在刪除相同比例的節點時對網路性能的影響不同，基於此找到了可使網路彈性下降最大和最快的攻擊策略。

除此之外，網路系統受干擾後的恢復過程也是彈性的關注點。Cavallaro 等（2014）[24] 用效能來對比在恢復城市最初性能過程中不同重建策略的能力，透過對義大利阿奇拉地震和重建過程仿真，比較了 6 種不同的重建策略下的彈性，從而確定彈性最佳的城市重建策略。在 Bhatia 等（2015）[13] 的研究中，採用多個指標生成恢復策略（即干擾發生後系統中部件恢復的排序），對這些策略的定量評估表明，透過網路中心性措施可更快更有效地進行恢復，且最佳的恢復策略會因網路中發生干擾的類型和位置的不同而不同。

7.1.4 小結

考慮到網路中傳輸的是資訊、物質或能量，如因特網中的封包流、交通路網中的車流、電網中的電流等，網路對流量的傳輸展現了網路的功能。然而，目前複雜網路彈性的相關研究中，大多數都是以網路拓撲參數作為彈性度量的關鍵性能指標，透過改變網路拓撲結構，即移除受到故障/干擾的節點[4,5,7,10,11] 來分析網路彈性。這種方式使得節點僅包括兩種狀態，即存在與刪除。這些拓撲結構參數並不能反映網路中傳輸的流量資訊，無法完全反映網路實際功能的好壞，故而基於此的彈性分析缺乏複雜網路流量層面的考慮，僅僅是拓撲層面的彈性分析。雖然 7.1.2 節也給出了一些基於網路性能的複雜網路彈性度量，但這些彈性度量很少能綜合反映網路系統對擾動的承受和恢復能力，對於節點性能如何影響系統性能仍不太清晰。因此，本章從基於負載這一關鍵網路性能指標出發，探討複雜網路系統「部件→系統」的彈性規律研究方法[25]。

7.2 彈性度量

本節的彈性度量與6.2.1節相同，即定義系統彈性為系統遭受擾動後 T_a 時間（用户允許的最大系統性能恢復）內歸一化性能隨時間的積分與系統正常運行（未受擾動）T_a 時間內歸一化性能隨時間的積分之比。為了敘述方便，將式(6.1)重複敘述如下：

$$\mathbb{R}_D = \frac{\int_{t_0}^{T_a+t_0} Q(t)\,\mathrm{d}t}{\int_{t_0}^{T_a+t_0} Q_0(t)\,\mathrm{d}t} \tag{7.1}$$

式中，$Q(t)$ 為擾動發生後的某時刻 t 的關鍵性能指標（KPI）歸一化值；$Q_0(t)$ 為正常狀態下某時刻 t 的KPI歸一化值；t_0 為擾動事件發生的時刻；T_a 為用户所要求的恢復時間。

這裡，我們採用仿真方式對複雜網路進行彈性評估，所以採用彈性離散面積求和公式：

$$\mathbb{R}_D \approx \frac{\sum_{k=1}^{s}[Q(t_k)+Q(t_{k-1})]}{\sum_{k=1}^{s}[Q_0(t_k)+Q_0(t_{k-1})]} \tag{7.2}$$

式中，s 為 t_0 到 t_0+T_a 時間段內採樣的次數；$t_k=t_0+k\dfrac{T_a}{s}$。s 越大，彈性評估精度越大，但計算資源消耗也越多，因此 s 的取值應權衡考慮。

複雜網路中通常以網路傳輸容量（traffic capacity）來衡量網路的傳輸能力，傳輸容量越大越有利於數據傳輸[26]。網路傳輸能力的下降會導致節點和網路上流量的增加，從而引發網路擁塞，故網路中的負載（traffic load）直接反映了當前的網路狀態（或功能）。因此，節點彈性度量中，我們選取的關鍵性能參數為節點當前負載 $W_i(t)$。網路彈性度量中，關鍵性能參數為網路中所有節點當前負載之和 $W_n(t)$[這裡 $W_n(t)=\sum_{i=1}^{N}W_i(t)$]。由於負載為望小型參數，因此其歸一化採用倒數法，即

$$Q_i(t)=1/W_i(t) \text{和} Q_n(t)=1/W_n(t) \tag{7.3}$$

7.3 彈性評估

這裡我們採用仿真的方式對複雜網路進行評估，因此，首先我們建立網路流量模型，接著選定節點擾動策略（即節點受攻擊的先後順序），最後給出網路和節點仿真以及評估流程。

7.3.1 流量模型建立

複雜網路的傳輸量，通常被稱為網路吞吐量，是衡量網路傳輸能力的重要指標。衡量網路傳輸量的模型就是流量模型（traffic model）。這裡引入複雜網路研究中最常用的流量模型[27-29]，並將其應用在給定的網路拓撲中，考慮流量的動態性開展網路彈性規律研究。

在這個基本模型中，假設網路流量為資訊，且網路中所有的節點都同時具備產生、轉發數據的能力。整個動態流量模型是一個迭代過程，描述如下：網路中每個時間步長內以給定速率 R 產生數據（每單位時間產生 R 個數據），隨機選取產生 R 個數據的源節點與發送的目的節點。設置每個節點都有給定的數據轉發率 C，即每個節點時間步長內可轉發的最大數據數量為 C。每個數據按照一定的路由策略從一個節點轉發到下一個節點，如果下一個不是目的節點，並且此節點中已經存在一些要轉發到各自目的節點的數據，則到達的數據將被放置在隊列末。數據到達每個節點隊列都採用先進先出（first-in-first-out）的規則，並且每個節點緩存隊列為無限大。如果數據到達目的節點，則立即從網路中刪除。其中，路由策略主要是為數據的傳輸尋找合適的路徑，這裡我們採用實際網路中被廣泛使用的最短路徑策略[30-32] 轉發數據，當然還有一些基於節點度的優先機率局部路由策略[33-35] 也可用於數據轉發，如隨機游走（random walk）、一階鄰域搜索（first-order neighborhood search）等。

為仿真簡單起見，我們令節點轉發率 C 為固定常數。具體的流量模型創建過程如圖 7.1 所示。

7.3.2 節點擾動策略

複雜網路彈性度量主要研究對象節點受到擾動後導致網路關鍵性能的變化情況。因此，為了度量複雜網路在不同擾動策略下節點及網路彈性，本節定義以下三種蓄意擾動策略。

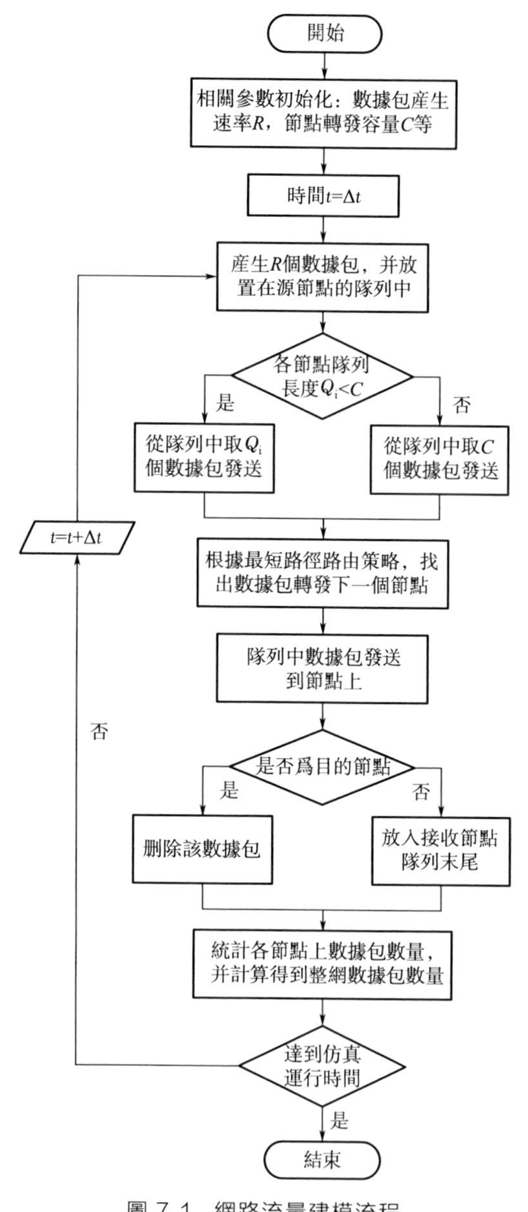

圖 7.1　網路流量建模流程

① 基於度的擾動（degree based disturbance，DBD）：確定網路中所有節點度值，按照度從大到小的順序干擾複雜網路中的節點，從而使受

干擾節點和網路性能下降。

② 基於介數的擾動（betweenness based disturbance，BBD）：類似於 DBD，先確定網路中所有節點的介數值，按照介數從大到小的順序干擾複雜網路中的節點，從而使受干擾節點和網路性能下降。

③ 基於負載的擾動（traffic based disturbance，TBD）：這裡負載為節點排隊序列上待轉發的數據量，這裡節點負載大小是根據網路正常運行情況下，所有時間步長內節點數據量的平均值來確定的。按照負載從大到小的順序干擾複雜網路中的節點，從而使受干擾節點和網路性能下降。

7.3.3 彈性仿真評估

為了便於仿真，這裡假設網路中所有節點具有同樣的初始狀態和降級狀態，節點初始轉發率 $C_i(i=1,2,\cdots,N)$ 為相同固定值，降級後的轉發率降至 $C_i^*=\{C_{i,j},j=1,2,\cdots,M\}$，$M$ 為轉發率降級狀態的數量。基於負載的網路彈性仿真計算步驟具體如下。

① 初始化：初始設置網路規模，即節點數 N，仿真開始時刻 t_0，干擾開始時刻 t_0，恢復開始時刻 t_r，滿足用户需求的恢復時間 T_a，擾動強度 AI（被干擾節點數 N^* 占網路總節點數 N 的比例，$AI=N^*/N$）。

② 創建網路拓撲：在 ER 隨機網路和 BA 無標度網路的彈性仿真中，每次仿真都新創建一個同規模網路拓撲用於彈性度量計算。

③ 流量建模：對於不同的拓撲網路，按照不同的初始封包生成速率（不超過各自的網路容量 R_C，以保證網路在正常情況下處於通暢狀態）及相同的節點轉發率（$C=4$），運行 7.3.1 節中描述的流量建模流程，在已創建的複雜網路拓撲上生成負載，始終保持網路暢通。

④ 正常狀態下負載度量：以時間步長 Δt 統計從仿真開始時刻 t_0 到 T_a 這段時間內節點與網路的負載 $W_i^0(t)$ 和 $W_n^0(t)$，作為正常情況下節點和網路的關鍵性能指標輸出。

⑤ 干擾網路節點：在擾動開始時刻，按照對應的擾動策略對網路節點進行干擾，降低被擾動節點轉發率，並以時間步長 Δt 統計節點及網路的負載，直到性能恢復時刻 t_r。

⑥ 恢復被擾動節點：這裡認為採取恢復行為後節點立即恢復到初始轉發率，並以時間步長 Δt 統計節點及網路的負載，直到用户所要求的恢復時間 T_a。

⑦ 彈性指標計算：根據式(7.3) 對統計得到的正常情況下節點與網

路流量進行歸一化，得到 $Q_i^0(t)$、$Q_n^0(t)$、$Q_i(t)$ 與 $Q_n(t)$，然後根據式(7.2) 完成此次擾動下的彈性計算。

⑧ 多次仿真，獲得彈性均值：對於 ER 隨機和 BA 無標度拓撲網路，都用 M 個同等規模的網路進行仿真，若達到預設值 M，就結束循環，計算彈性均值 $\mathbb{R}_A=\sum_i \mathbb{R}_{D,\ i}/M$，否則返回步驟②，直到滿足仿真需求。

圖 7.2 所示為複雜網路彈性仿真計算流程圖。

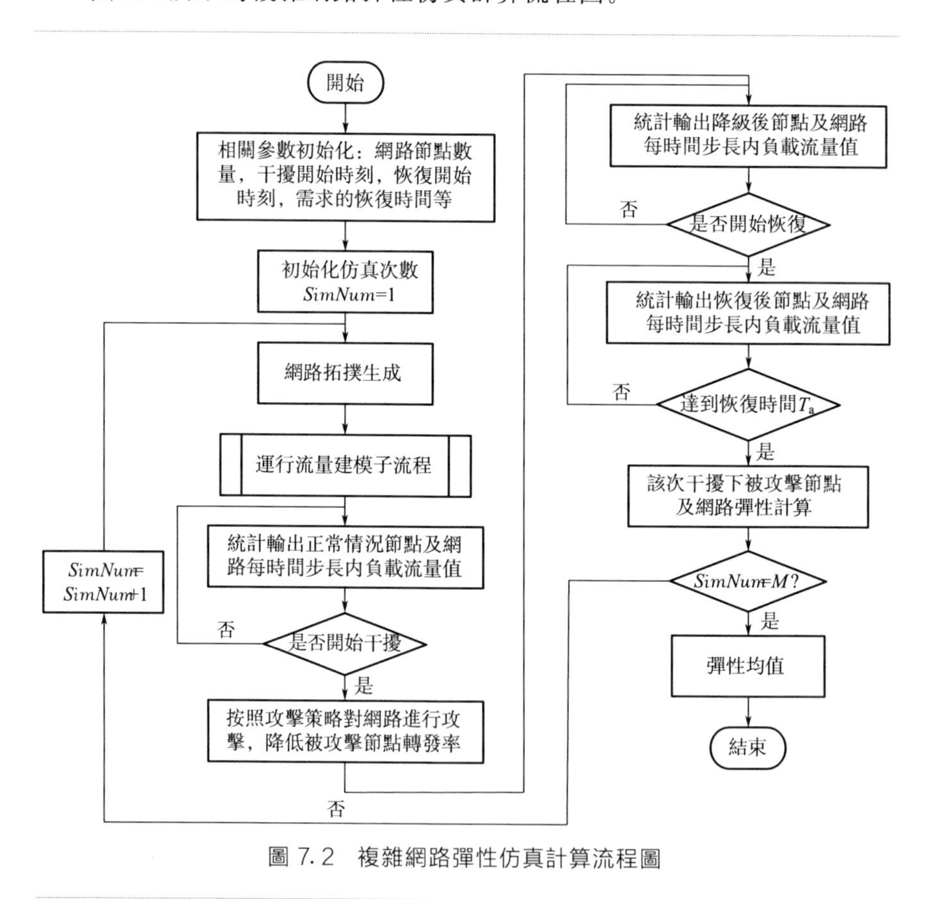

圖 7.2 複雜網路彈性仿真計算流程圖

7.4 案例分析

本節我們選取了 ER 隨機網路、BA 無標度網路和冰島電力傳輸網路為例進行複雜網路彈性分析。

7.4.1 複雜網路拓撲生成

(1) ER 隨機網路模型

早在1950年代末，Erdös 和 Rényi 提出了一種完全隨機網路模型——ER 隨機網路[36]。隨機網路模型是最簡單同時也是最早被廣泛認知的複雜網路模型。根據 ER 隨機網路的相關特性研究，其生成規則描述如下：首先考慮生成 N 個孤立節點，任意兩節點間均以機率 p 連接一條邊，從而組成一個含有 $pN(N-1)/2$ 條邊的 ER 隨機網路。根據這種機率生成規則，可得 ER 隨機網路的度分布函數[37]：

$$P(k)=C_N^k p^k(1-p)^{N-k}\approx\frac{\langle k\rangle^k e^{-\langle k\rangle}}{k!} \tag{7.4}$$

式中，$\langle k\rangle=pN$ 為隨機網路所有節點的平均度。

圖7.3給出了不同生成機率 p 下隨機網路模型演化示意圖。

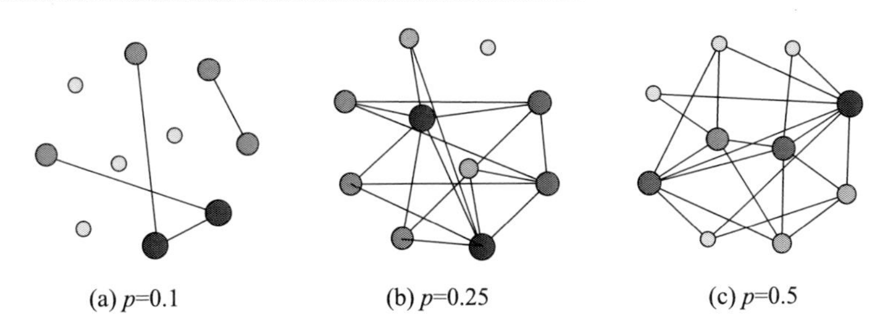

圖7.3 隨機網路模型演化示意圖

如今，ER 隨機網路模型是一種典型的複雜網路模型，被廣泛應用於學習和研究之中。由於 ER 隨機網路的度分布 $P(k)$ 服從卜瓦松分布，可以看出 ER 隨機網路是一種同質複雜網路，其絕大多數節點度都在網路節點平均度附近。

(2) BA 無標度網路模型

大量研究表明，現實世界的網路大部分都不是隨機網路，許多實際網路中只有少數節點擁有大量連接，並且度分度符合冪律分布，而這被稱為網路的無標度特性 (scale-free)。BA 無標度網路模型[38] 應運而生，並得到廣泛應用。BA 無標度網路模型考慮了實際網路的兩個重要特徵：成長特性表明網路規模不斷增大而並非是固定的；擇優連接特性表明新產生的節點更傾向於連接已存在的度較大的節點。根據上述兩點，BA 無標度網路可構造如下：起始於 m_0 個完全連接節點的網路，每時間步長增加一個與已經存在的 $m(m\leqslant m_0)$ 個節點相連的新節點在網路中，並且一條邊連接到一個現存節點的機率與該節點的度 k_i 成線性比例關係：

$$\Pi_i=\frac{k_i}{\sum_j k_j} \tag{7.5}$$

這裡，設置網路規模為 N，並且 $m_0=m=4$。經過 n 時間步長之後，就可以得到一個含有 $N=n+m_0$ 個節點和 $mn+m_0$ 條邊的無標度網路。圖 7.4 給出了 BA 無標度網路前 4 個時間步長（$t=1$，$t=2$，$t=3$，$t=4$）的具體演化示意圖。

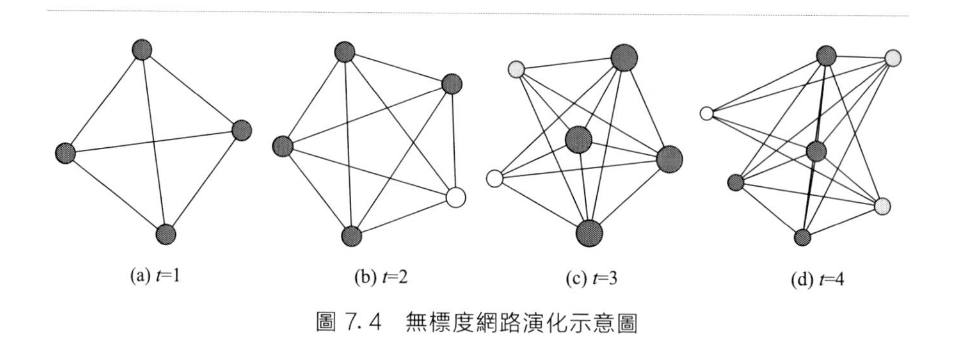

圖 7.4　無標度網路演化示意圖

無標度特性反映了複雜網路具有高度的異質性，各節點間的連接狀況（度數）具有嚴重的不均勻分布性：網路中少數的樞紐（hub）節點擁有非常多的連接，並對無標度網路的運行起著主導作用，而大多數節點只有很少的連接。與隨機網路相比，無標度網路的平均路徑長度相對較小，而聚類係數相對較大，說明無標度網路中度大的節點在縮小網路節點間距離上起著重要作用。

(3) 冰島電力傳輸網路模型

電力網路是極其重要的基礎設施系統，很多其他基礎設施系統都依賴可靠的電力供應來保障自身的正常運行。電力網路可看作是由電廠、變電站以及不同電壓等級的輸配電線路組成的，如果將電廠看作節點，把連接電廠與電廠之間、電廠與變電所之間以及變電站與各終端用電設備間的輸電線路看作邊，那麼電力網路則可抽象為一個複雜網路。這裡將冰島電力傳輸網路[39] 抽象為一個用網路圖表示電力傳輸網的拓撲結構。考慮到電力基礎設施系統的特點，為了便於分析，這裡假設冰島電力傳輸網路各節點為無差別節點，邊為無向邊，並且忽略傳輸線物料構造及電氣參數的不同。基於此得到如圖 7.5 所示的冰島電力傳輸網路拓撲結構。

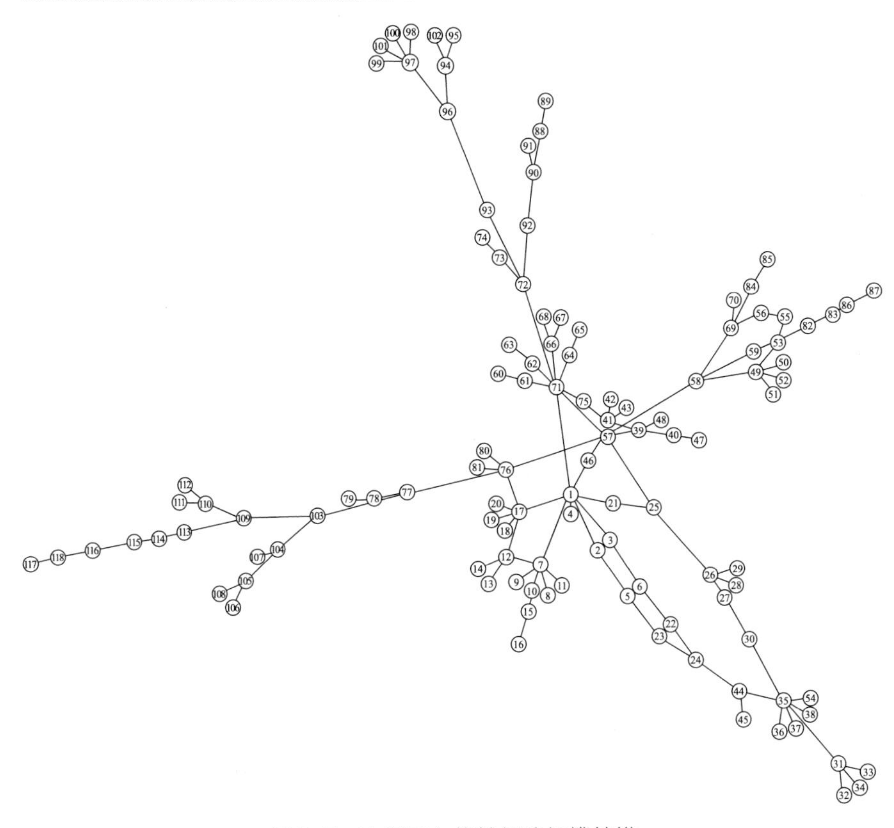

圖 7.5　冰島電力傳輸網路拓撲結構

表 7.3 對冰島電力傳輸網路的拓撲指標給出描述：網路中共有節點數 $N=118$，邊的數目 $E=127$，其中發電節點數 G 為 35 個。該網路的平均節點度 $\langle k \rangle = 2.153$，平均路徑長度 $L=6.42$，平均聚類係數 $C=0.005$。結合孟仲偉等（2004）[40] 對美國西部電網進行的拓撲分析研究，我們在表 7.4 中將此網路與美國西部電網的比較，可知冰島電力網路的平均度較低，具有相對較小的平均路徑長度和非常小的平均聚類係數，由此可見冰島電力傳輸網路並不具有無標度網路模型特性。

表 7.3　冰島電力傳輸網路拓撲性質

拓撲指標 / 網路類型	N	E	G	$\langle k \rangle$	L	C
電力網路	2.153	127	35	2.153	6.42	0.005

表 7.4 冰島電網與美國西部電網拓撲統計特徵參數比較

電網	$\langle k\rangle$	L	C
美國西部電網	2.67	18.7	0.08
冰島電網	2.153	6.42	0.005

在本案例中，我們以機率 $p=0.05$ 生成 ER 隨機網路，以起始完全連接節點 $m_0=4$ 和每時間步長增加 $m=2$ 條邊構建 BA 無標度網路，這樣兩個網路與上述電力傳輸網路具有相同規模（組成網路的節點和連邊數量處於同等數量級），便於後文進行比較。

7.4.2 基於序參量的流量生成

根據 7.3.1 節的流量模型可知，網路中在每個時間步長內都會產生新的封包，一些封包會被移除。為了保持網路中流量的暢通狀態，應始終保持整個網路的動態負載平衡。一般通常用序參量（order parameter）來刻劃網路由暢通到擁塞的狀態轉變[41]：

$$\eta(R)=\lim_{t\to\infty}\frac{C}{R}\times\frac{<\Delta W>}{\Delta t} \tag{7.6}$$

式中，$\Delta W=W(t+\Delta t)-W(t)$，$W(t)$ 為 t 時刻網路中的總封包量，ΔW 為網路中總封包成長的數量；$<\cdots>$表示在 Δt 時間內的平均值。當 $R<R_C$ 時，網路中生成的封包與到達目的節點被移除的封包幾乎相等，此時 $\eta(R)$ 約等於 0，網路處於通暢穩定狀態；當 $R>R_C$ 時，網路中生成的封包多於到達目的節點被移除的封包，此時 $\eta(R)$ 大於 0，導致網路中的封包總量不斷增多，最終使網路處於擁塞狀態。可見，網路從暢通到擁塞狀態的相變點發生在 $R=R_C$ 處。

基於 7.4.1 節的複雜網路拓撲生成方法，分別生成與冰島電網同規模（節點 $N=118$）的 ER 隨機網路和 BA 無標度網路，設節點轉發率 $C=4$，按公式(7.3) 計算得三種不同網路拓撲下序參量 η 隨封包產生率 R 逐漸增大的變化趨勢，如圖 7.6 所示。可見，對於不同的網路拓撲結構，當 R 很小的時候 η 接近於 0，然而當 R 一旦大於相應的相變點 R_C，序參量 η 會突然增大。顯然，相同規模不同拓撲結構的複雜網路容量是不一樣的，這裡 ER 隨機網路的容量 $R_C^{\mathrm{ER}}=36$，BA 無標度網路的容量 $R_C^{\mathrm{BA}}=18$，冰島電網的容量 $R_C^{\mathrm{Power}}=8$。

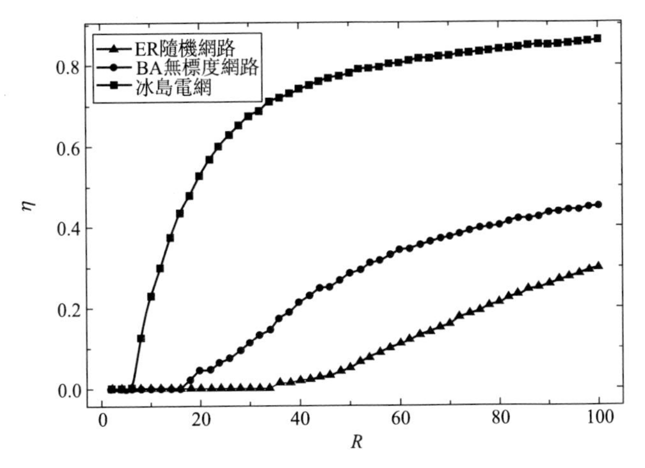

圖 7.6 不同網路拓撲下序參量 η 隨封包產生率 R 逐漸增大的變化趨勢

7.4.3 基於擾動行為的彈性分析

本節針對相同網路規模的 ER 隨機網路、BA 無標度網路和冰島電力傳輸網路三種不同的網路拓撲結構，分別仿真計算其在基於度、介數和負載三種擾動策略下的系統彈性。對於三類網路拓撲初始狀態，基於 7.4.2 節的序參量分析分別設定不同的封包生成速率 $R_{\mathrm{ER}}=34$、$R_{\mathrm{BA}}=16$、$R_{\mathrm{Power}}=6$ 和相同的節點轉發率 $C=4$，以保證三種網路拓撲初始狀態都維持暢通，不會發生擁塞。由此，在基於度、介數和負載擾動策略下：①對單節點實施擾動，分析彈性隨節點性能降級程度的變化規律；②對多節點實施擾動，根據不同的擾動強度 AI（被干擾節點數 N^* 占網路總節點數 N 的比例，$AI=N^*/N$）對一定數量的節點進行干擾，從而造成受擾動節點的轉發率下降，並計算不同擾動策略下的彈性值，對彈性結果進行比較。考慮到節約仿真計算的時間成本，下述分析討論中彈性值均為該次擾動事件下的單次仿真計算結果。

7.4.3.1 單節點不同降級程度下的彈性規律分析

根據三種蓄意擾動策略分別對三種拓撲結構網路中度最大節點、介數最大節點和負載最大節點實施擾動，使被擾動節點轉發率性能從初始 $C=4$ 以 0.1 為間隔逐漸下降到 1，從而得到隨節點轉發率 C 逐漸下降的被擾動節點彈性和網路彈性的變化如圖 7.7 所示。

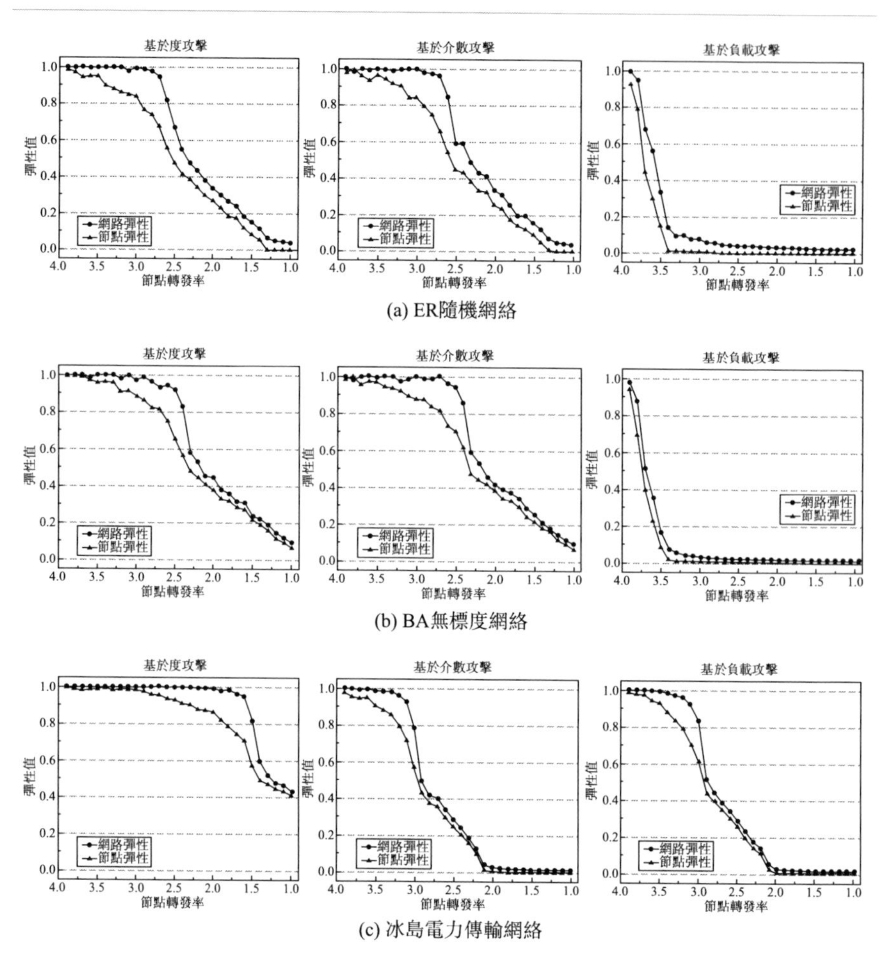

(a) ER隨機網絡

(b) BA無標度網絡

(c) 冰島電力傳輸網絡

圖 7.7 單節點擾動下不同網路拓撲的節點彈性和網路彈性

由圖 7.7 可知，相同的網路拓撲在不同的擾動策略下，被擾動節點彈性和網路彈性可能存在不同的變化趨勢。

① ER 隨機網路中，在基於度和基於介數的擾動策略下，被擾動節點（最大度和最大介數節點）彈性會隨著該節點轉發率的逐漸降級而下降，而網路彈性則會先保持在 0.95 以上，只有當被擾動節點轉發率性能下降到 $C^*=2.7$ 以下，才會引起網路彈性很大程度的下降。這是由於被擾動節點轉發率降級程度越大，其對封包的轉發能力越差，最終會造成該節點上負載的增加，因此隨著轉發率降級越來越大，被擾動節點的彈性也會逐漸下降。但在被擾動節點轉發率降級程度不低於 $C^*=2.7$ 時，節點上負載的增加對於整個網路的負載而言比重較低，

因此網路此時還是保持在暢通的狀態，並不會造成整個網路中封包大量累積，故網路彈性保持在較高水準。反觀基於負載的擾動策略下，被擾動節點（負載最大節點）彈性和網路彈性在該節點轉發率降級程度很低時就會發生大幅下降，當被擾動節點轉發率降級程度達到 $C^*=3.7$ 時，就會使節點彈性和網路彈性都下降到 0.6 以下。這是因為被擾動節點上的負載在網路負載中占比很大，很低程度的節點轉發率降級就會導致該節點及整個網路負載突增，從而引起節點彈性和網路彈性的突然下降。

② BA 無標度網路中，可以看出在三種蓄意擾動策略下，被擾動節點彈性和網路彈性表現出與 ER 隨機網路中相似的情形。對於基於度擾動和基於介數擾動，隨著該節點轉發率的逐漸降級，節點彈性逐漸下降，而只有節點轉發率降級達到一定程度（$C^*=2.4$）時，網路彈性才會發生大幅下降。對於基於負載擾動，較低的節點轉發率降級就會導致節點彈性和網路彈性發生突降，很快彈性下降到 0 附近。

③ 冰島電力傳輸網路中則表現出與上述兩類網路不同的彈性變化情形。在基於度的擾動策略下，被擾動節點彈性會隨著該節點轉發率的逐漸降級而下降，在節點轉發率降級程度未達到 $C^*=1.5$ 時，網路彈性都保持在 0.95 以上，直到 C^* 降級到 1.5 及以下時才大幅度下降。並且，即使節點轉發率降級到最低程度 $C^*=1.0$ 時，節點彈性和網路彈性都大於 0.40，不會降到 0 附近。在基於介數擾動和基於負載擾動策略下，被擾動節點轉發率降級程度達到 $C^*=3$ 時，網路彈性開始大幅度下降，並且節點轉發率逐漸降級到 $C^*=2$ 時網路彈性下降到 0 附近。

綜上可以看出，ER 隨機網路和 BA 無標度網路在面對基於度和基於介數的擾動策略時，對於被擾動節點性能的降級都展現出較強的承受能力，因此網路對於度擾動和介數擾動具有較好的彈性；但在面對基於負載的擾動策略時，對於被擾動節點性能的降級承受能力較弱，因此網路對於負載擾動彈性較差。冰島電力傳輸網路對基於度的擾動表現出非常強的節點性能降級承受能力，因此網路對於度擾動具有非常好的彈性；同樣，對基於介數和基於負載的擾動也表現出較強的節點性能降級承受能力，因此該網路對於介數擾動和負載擾動也具有較好的彈性。

此外，可進一步分析網路彈性與被擾動節點彈性之間的關係，如圖 7.8 所示。由圖可以看出，ER 隨機網路和 BA 無標度網路中，基於度擾動和基於介數擾動下，當被擾動節點彈性在 0.4 以下時，網路彈性與節點彈性存在近似線性函數關係，隨著被擾動節點彈性逐漸增大，曲線斜率逐漸變小，最終趨近於 0；但基於負載擾動時，網路彈性與節點彈性並不存在顯著的線性函數關係，曲線斜率隨著節點彈性增大逐漸減小，最終趨近於 0。然而，在冰島電力傳輸網路中，基於介數和基於負載擾動下，當被擾動節點彈性在 0.4 以下時，網路彈性與節點彈性存在近似線性函數關係，隨著被擾動節點彈性逐漸增大，曲線斜率逐漸變小，最終趨近於 0；但基於度擾動時，則不存在顯著的線性函數關係，曲線斜率隨著節點彈性增大逐漸減小，最終趨近於 0。

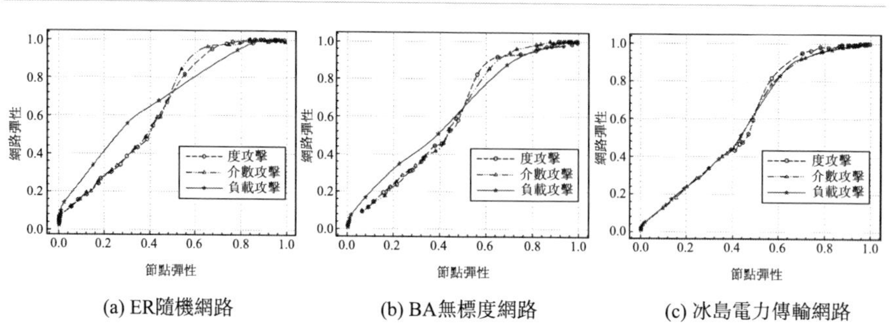

圖 7.8　網路彈性與被擾動節點彈性之間的關係（單節點擾動）（電子版）

7.4.3.2　考慮多節點不同擾動強度的彈性規律分析

根據前述三種擾動策略分別對同規模的三類拓撲實施不同擾動強度下的多節點擾動，即針對各網路分別以度、介數和負載參數指標對節點進行排序，從排序最高等級的節點開始進行干擾，在不同擾動強度 AI 下度量網路彈性。這裡設定所有被擾動節點轉發率性能從初始 $C=4$ 降級為 $C^*=3.0$，從而得到隨擾動強度 AI 逐漸增加的網路彈性的變化如圖 7.9 所示。

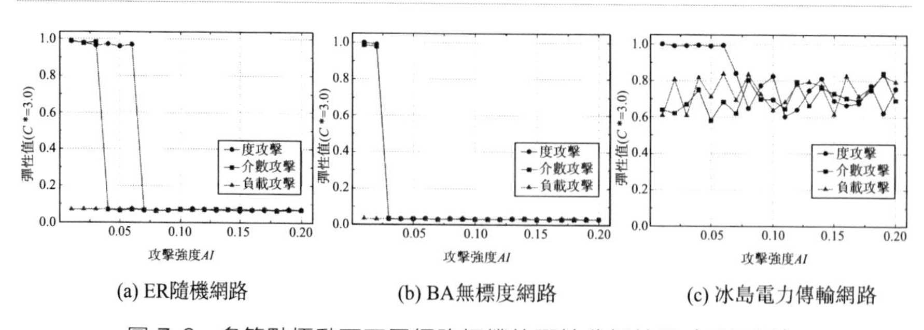

圖 7.9　多節點擾動下不同網路拓撲的彈性分析結果（電子版）

如圖 7.9 所示，同一網路拓撲中，不同的擾動策略會有不同的擾動強度臨界值 AI^*，致使網路彈性發生突降。在 ER 隨機網路中，度擾動策略下網路彈性發生突降的擾動強度臨界值 $AI^*_{度}=7\%$，介數擾動策略下 $AI^*_{介數}=4\%$，負載擾動策略下 $AI^*_{負載}=1\%$（即負載最大的節點發生降級，網路彈性就會突降）。同理，BA 無標度網路中的擾動強度臨界值分別為 $AI^*_{度}=3\%$、$AI^*_{介數}=3\%$和 $AI^*_{負載}=1\%$，冰島電力網路中的擾動強度臨界值分別為 $AI^*_{度}=7\%$、$AI^*_{介數}=1\%$和 $AI^*_{負載}=1\%$。顯然，ER 隨機網路和 BA 無標度網路中，負載擾動都是最快引起網路彈性突然下降的，而這兩類網路對度擾動和介數擾動具有一定的擾動承受能力。同時，ER 隨機網路中度擾動和介數擾動的擾動臨界值均大於 BA 無標度網路，這是因為無標度網路中節點的高度異質性，高介數節點也是擁有多條鏈路的樞紐節點，當這些節點受到擾動發生性能降級後，會造成經由該節點轉發的封包大量累積，從而引發整個網路的負載增加，故只要很少的樞紐節點降級就可造成網路彈性的突降。冰島電力傳輸網路中，介數擾動和負載擾動都會立即引起網路彈性突降，而其對度擾動卻具有一定的擾動承受能力，並且三種擾動策略下網路彈性最終都保持在 0.7 周圍波動，並未隨著被擾動節點數的增多而立刻下降到 0 附近。這是因為相比於 ER 隨機網路和 BA 無標度網路，正常狀態的節點轉發率 $C=4$ 對電力網路有更大的冗餘，故當節點遭受擾動性能降級後，網路中的負載還是會達到動態平衡，而不會一直累積增加，因此網路彈性不至於下降為 0，而保持在 0.7 附近。

另外，我們也分析了每種拓撲網路中節點度和介數的相關性。度和介數具有高相關係數 r 的網路往往會存在一些與大量網路流量互動的節點，如果這些節點降級，那麼很容易造成網路流量擁塞。如圖 7.10 所示，BA 無標度網路具有最高的相關係數（$r=0.98$），其次是 ER 隨機網路（$r=0.93$），表明這兩類網路中度高的節點也具有較高的介數。然而，在冰島電力傳輸網路中，節點度和介數的相關性較低（$r=0.73$），表明該網路中基於度和介數的擾動策略將導致不同的網路彈性結果。這裡的相關性分析也說明了在上述隨擾動強度增加的網路彈性分析中，為什麼 ER 隨機網路和 BA 無標度網路在度和介數擾動下網路彈性變化比較一致，而在冰島電力傳輸網路中則存在較大差異。此外，透過比較三種不同網路拓撲的平均最短路徑（其中 $L_{ER}=3.53$，$L_{BA}=2.97$，$L_{電網}=6.42$，並且 $L_{BA}<L_{ER}<L_{電網}$）可知，電力網路中需要更多跳封包才能從源節點轉發到目的節點，而 ER 網路和 BA 網路相對較低的平均最短路徑可使封包更快轉發到目的節點，因此冰島電力傳輸網路與另兩類網路

的彈性規律存在較大差別。上述分析同時也說明冰島電力網路並不具備與 ER 隨機網路和 BA 無標度網路相同的拓撲特徵。

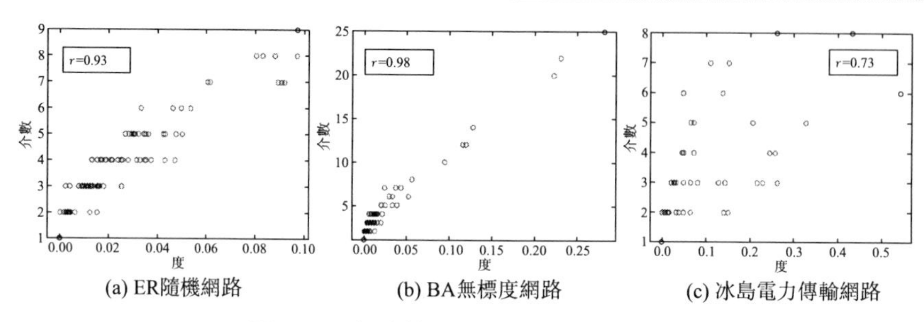

(a) ER隨機網路　(b) BA無標度網路　(c) 冰島電力傳輸網路

圖 7.10　網路節點度和介數間相關係數

ER 隨機網路和 BA 無標度網路中，基於度和介數擾動下的網路彈性都要優於基於負載擾動下的網路彈性，因此這兩類網路中對於高負載節點應給予重點保護，以免由於性能降級造成嚴重的網路擁塞，網路彈性大幅下降。冰島電力傳輸網路中，只有在面對基於度的擾動策略時才表現出較好的網路彈性，因此對於電力網路中高介數節點和高負載節點都要給予重點保護。

7.4.4 基於恢復行為的彈性分析

這裡我們考慮影響網路彈性恢復行為的兩方面因素：①降級後恢復開始時刻 t_r；②恢復策略，即多個節點發生降級後，根據節點重要性對節點排序來確定的恢復順序。這裡我們假設一旦恢復開始，節點的轉發率性能會立即完全恢復正常狀態，因此我們的分析關注最終的網路彈性比較，而不是恢復時間。

7.4.4.1 考慮恢復開始時刻的彈性規律影響分析

本節我們採用基於介數的擾動策略（BBA）對三種不同的拓撲網路（ER 隨機網路、BA 無標度網路和冰島電力傳輸網路）實施干擾，造成介數最大節點轉發率性能降級，在不同的恢復開始時刻 t_r 下進行基於網路負載性能的網路彈性指標計算。

圖 7.11(a) 呈現了在給定的節點降級程度 $C^*=2.2$ 下，不同的恢復開始時刻（t_r 從 1000 以 500 為間隔遞增到 6000）三種拓撲結構下網路對應的彈性。結果表明，對於 ER 隨機網路和 BA 無標度網路拓撲而言，更快的恢復開始（或更小的 t_r）會導致更高的彈性。例如，如果在節點發

生降級後很快（t_r＝1000 時間步長）就啓動恢復，則 ER 隨機網路的彈性為 0.91，但經歷很長一段時間後（$t_r \geqslant 5000$ 時間步長）才採取恢復措施，它的彈性會降低到 0.50 以下。BA 無標度網路中，快速恢復網路彈性值可達 0.92（t_r＝1000），而恢復開始時間過晚，系統彈性值則會降至 0.40。而冰島電力傳輸網路的彈性情形則與前兩者完全不同，由於在該降級轉發率下網路仍可保持網路暢通，不會造成網路負載的增加，故網路彈性接近於 1。上述結果表明，受到擾動後若能快速響應（發生故障後很快採取恢復），則能保持整個網路系統彈性。此外，恢復開始時刻 t_r 也有一個關鍵值，若在該時刻之後才開始恢復，則恢復行為對整個網路的彈性影響不大，網路所表現出的彈性基本一致。識別恢復時刻 t_r 的關鍵值，可提供作為彈性分析的重要閾值，在此之前實施恢復可有效提高網路系統彈性。

此外，節點降級轉發率性能 C^* 對於網路彈性也是非常重要的，因為從更高的節點初始降級性能開始恢復，會有更高的網路彈性。如圖 7.11(b) 中呈現了在不同的節點初始降級性能下，ER 隨機網路彈性隨恢復開始時刻 t_r 的變化。可以看出，越低的初始降級性能，恢復開始的快慢對網路彈性的影響程度越大，越能決定網路彈性的好壞。正如圖 7.11(b) 中所示的各個給定初始降級性能下，基於逐漸遞增的恢復開始時刻（t_r 從 1000 以 500 為間隔遞增到 6000）計算所得網路彈性值的標準差隨初始降級性能 C^* 的變化情況，說明標準差越大該降級性能下不同的恢復開始時刻 t_r 會導致網路彈性有越大的差異，恰好也說明了上述觀點。

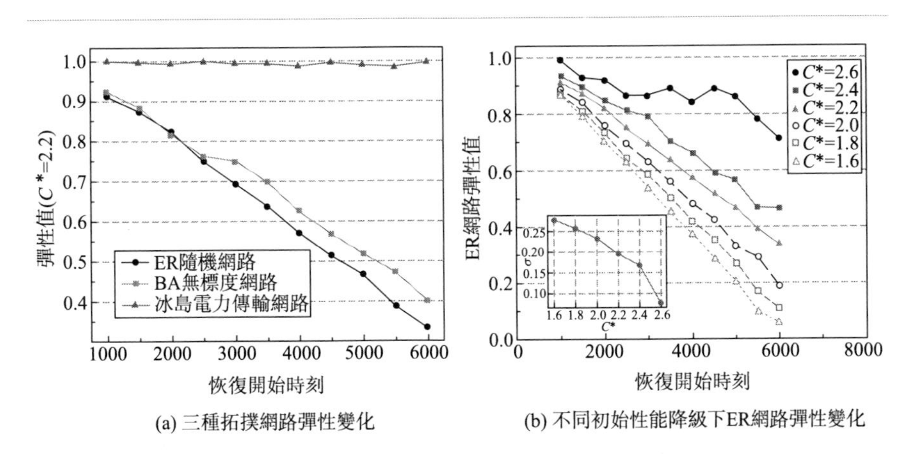

圖 7.11 恢復開始時刻對網路彈性的影響

圖 7.12 展現了節點性能降級 C^* 和恢復開始時刻 t_r 對網路彈性的綜合影響。從圖中可以看出，並非在任意的性能降級下，恢復開始時刻 t_r 都可對網路彈性造成顯著影響。對於所有網路，性能降級 C^* 都存在一個關鍵值，當性能降級低於該關鍵值時，快速響應行為才對整個網路彈性的好壞起到關鍵作用。並且，不同的網路拓撲存在不同的性能降級關鍵點。ER 隨機網路中，只有節點降級轉發率 $C^* \leqslant 2.6$，網路彈性才會隨恢復開始時刻 t_r 的減小而增加，而對於 $C^* > 2.6$ 的情形，網路彈性則不會隨著恢復開始時刻 t_r 的變化而改變，網路彈性始終保持較高水準。而 BA 無標度網路中該關鍵值為 2.4，電力網路中為 2.0。

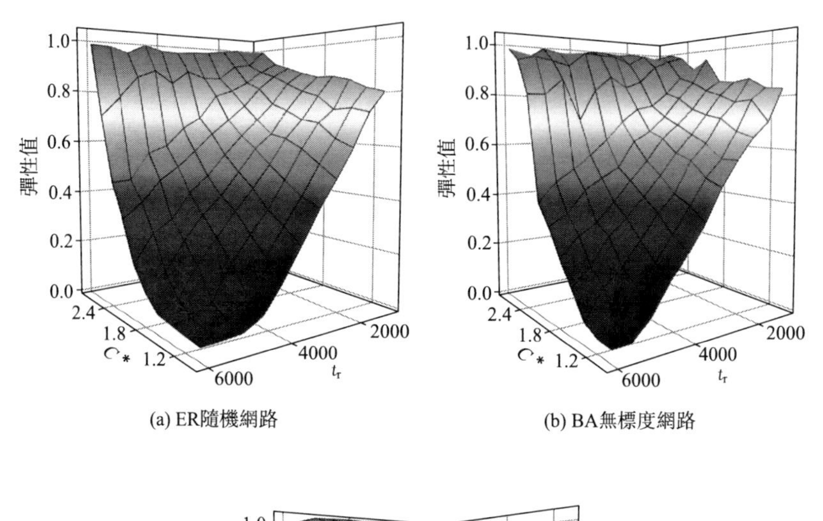

(a) ER隨機網路　　(b) BA無標度網路

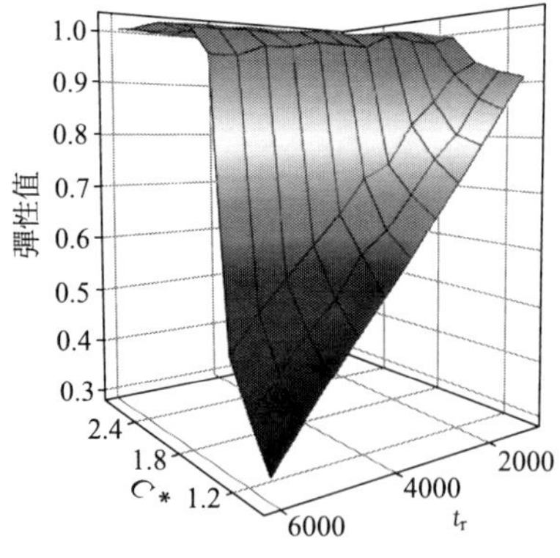

(c) 冰島電力傳輸網路

圖 7.12　不同節點初始性能降級 C^* 和恢復開始時刻 t_r 下的網路彈性變化（電子版）

透過上述分析，一方面，我們可以識別對網路彈性產生影響的性能降級 C^* 關鍵值；另一方面，在給定的性能降級下，可確定能有效提高網路彈性的恢復開始時刻 t_r 的關鍵值。

7.4.4.2 考慮不同恢復策略的彈性規律影響分析

當網路中多個節點發生性能降級時，採取怎樣的恢復順序可以使網路系統性能快速恢復、具有最好的彈性，是網路受到擾動後首要考慮的問題。這裡我們針對前述的三種拓撲網路，分別在隨機恢復策略、基於拓撲重要性恢復策略和基於流量重要性恢復策略下仿真計算網路彈性，比較分析對於該類拓撲網路，哪種恢復策略下彈性最好，恢復行為最有效。本節中隨機恢復策略是對被擾動節點隨機排序後進行恢復；基於拓撲重要性恢復策略是指根據網路中節點的度和介數的大小對被擾動的節點排序，從高到低逐一恢復被擾動節點性能；同理，基於流量重要性恢復策略則是根據節點上的流量進行排序，然後從高到低逐一恢復。基於 7.3.2 節中對不同擾動強度下的彈性分析結果，這裡設定網路受擾動強度 $AI=6\%$，並且被擾動節點轉發率性能都從 $C=4$ 降級到 $C^*=2.8$，隨後按照相應的恢復策略以固定的時間間隔 $t_{\text{interval}}=1000$（時間步長）逐一恢復降級節點，得到不同恢復策略下對應的彈性值。這裡，對於隨機恢復策略下的彈性值是對 20 次隨機序列的彈性計算結果取平均值得到的。

根據圖 7.13 所示的三種拓撲在不同恢復策略下彈性雷達圖（橫坐標為彈性值刻度）可知，對於三種拓撲，基於流量重要性的恢復策略是最有效的，使網路具有最好彈性。ER 隨機網路中，$\mathbb{R}_{基於流量恢復}>\mathbb{R}_{基於拓撲恢復}>\mathbb{R}_{隨機恢復}$，由於 ER 隨機網路節點較好的同質性，6 個節點發生性能降級不會導致網路流量突增，並且被擾動節點上流量比較均勻，故任何恢復策略都比較有效，但基於流量重要性恢復策略下網路彈性是最高的，$\mathbb{R}_{基於流量恢復}=0.96$。然而，BA 無標度網路中由於高負載樞紐節點的存在，只有被擾動節點全部恢復網路中負載才會降低，故在逐漸恢復過程中網路始終處於擁塞，負載累積增多，因此表現出較差彈性。在冰島電力傳輸網路中，該擾動強度下不會對網路性能造成太大影響，因此彈性始終保持較高水準。

透過上述分析，對於不同的網路拓撲分別可以確定多節點受擾動後最佳的恢復策略，從而保證網路具有最高的彈性。

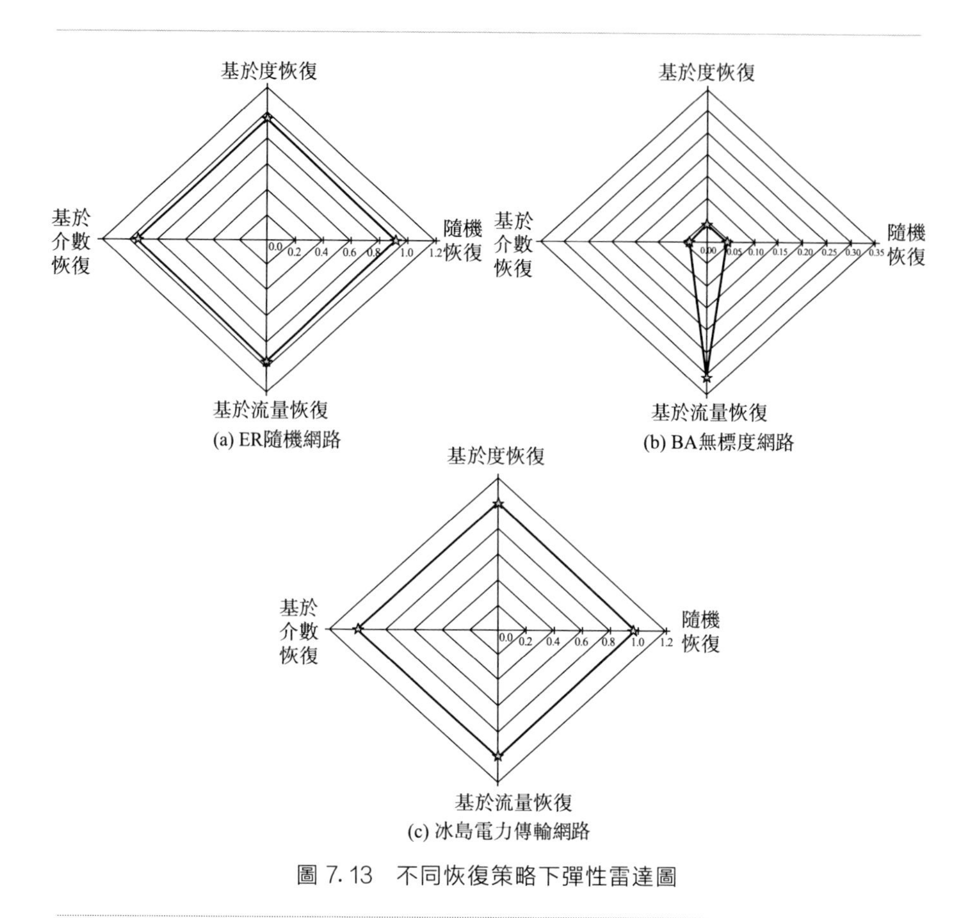

圖 7.13 不同恢復策略下彈性雷達圖

參考文獻

[1] Gao J, Liu X, Li D, et al. Recent progress on the resilience of complex networks[J]. Energies, 2015, 8(10): 12187-12210.

[2] Najjar W, Gaudiot J L. Network resilience: a measure of network fault tolerance[J]. IEEE Transactions on Computers, 1990, 39(2): 174-181.

[3] Klau G W, Weiskircher R. Network analysis [M]. Chapter Robustness and Resilience. Berlin Heidelberg: Springer, 2005: 417-437.

[4] Osei-Asamoah A, Lownes N E. Complex network method of evaluating resilience in surface transportation net-

works[J]. Transportation Research Record, 2014, 2467 (1): 120-128.

[5] Berche B, von Ferber C, Holovatch T, et al. Resilience of public transport networks against attacks[J]. The European Physical Journal B, 2009, 71 (1): 125-137.

[6] Schneider C M, Moreira A A, Andrade J S, et al. Mitigation of malicious attacks on networks[J]. Proceedings of the National Academy of Sciences, 2011, 108 (10): 3838-3841.

[7] Chen P Y, Hero A O. Assessing and safeguarding network resilience to nodal attacks[J]. IEEE Communications Magazine, 2014, 52 (11): 138-143.

[8] Costa L F. Reinforcing the resilience of complex networks [J]. Physical Review E, 2004, 69 (6): 066127.

[9] Dkim D H, Eisenberg D A, Chun Y H, et al. Network topology and resilience analysis of South Korean power grid[J]. Physica A: Statistical Mechanics & Its Applications, 2017, 465: 13-24.

[10] Ghedini C G, Ribeiro C H C. Improving resilience of complex networks facing attacks and failures through adaptive mechanisms[J]. Advances in Complex Systems, 2014, 17 (02): 1450009.

[11] Zhao K, Kumar A, Harrison T P, et al. Analyzing the resilience of complex supply network topologies against random and targeted disruptions[J]. IEEE Systems Journal, 2011, 5 (1): 28-39.

[12] Pandit A, Crittenden J C. Index of network resilience (INR) for urban water distribution systems[J]. Nature, 2012.

[13] Bhatia U, Kumar D, Kodra E, et al. Network science based quantification of resilience demonstrated on the Indian Railways Network[J]. Plos One, 2015, 10 (11): e0142890.

[14] Rosenkrantz D J, Goel S, Ravi S S, et al. Resilience Metrics for service-oriented networks: a service allocation approach [J]. IEEE Transactions on Services Computing, 2009, 2 (3): 183-196.

[15] 趙洪利，楊海濤，付藝. 網路化指控資訊系統彈性分析方法研究[J]. 指揮與控制學報，2015，1 (1): 14-18.

[16] Garbin D A, Shortle J F. Measuring resilience in network-based infrastructures[J]. Critical Thinking: Moving from infrastructure protection to infrastructure resilience, 2007.

[17] Omer M, Nilchiani R, Mostashari A. Measuring the resilience of the trans-oceanic telecommunication cable system[J]. IEEE Systems Journal, 2009, 3 (3): 295-303.

[18] Farahmandfar Z, Piratla K R, Andrus R D. Resilience evaluation of water supply networks against seismic hazards [J]. Journal of Pipeline Systems Engineering and Practice, 2017, 8 (1): 04016014.

[19] Wang J W, Gao F, Ip W H. Measurement of resilience and its application to enterprise information systems[J]. Enterprise Information Systems, 2010, 4 (2): 215-223.

[20] Golara A, Esmaeily A. Quantification and enhancement of the resilience of infrastructure networks [J]. Journal of Pipeline Systems Engineering and Practice, 2017, 8 (1): 04016013.

[21] Wang D, Ip W H. Evaluation and analysis of logistic network resilience with application to aircraft servicing[J]. IEEE Systems Journal, 2009, 3 (2): 166-173.

[22] Steiglitz K, Weiner P, Kleitman D. The

design of minimum-cost survivable networks[J]. IEEE Transactions on Circuit Theory，1969，16(4)：455-460.

[23] Ip W H，Wang D. Resilience and friability of transportation networks：evaluation，analysis and optimization[J]. IEEE Systems Journal，2011，5(2)：189-198.

[24] Cavallaro M，Asprone D，Latora V，et al. Assessment of urban ecosystem resilience through hybrid social-physical complex networks[J]. Computer-Aided Civil and Infrastructure Engineering，2014，29(8)：608-625.

[25] 靳崇. 部件彈性表徵及其對系統彈性影響規律研究[D]. 北京：北京航空航天大學，2018.

[26] 蔣忠元. 複雜網路傳輸容量分析與優化策略研究[D]. 北京：北京交通大學，2013.

[27] Chen S，Huang W，Cattani C，et al. Traffic dynamics on complex networks：a survey[J]. Mathematical Problems in Engineering，2012.

[28] Liu G，Li Y，Guo J，et al. Maximum transport capacity of a network [J]. Physica A：Statistical Mechanics and Its Applications，2015，432：315-320.

[29] Song H Q，GuoJ. Improved routing strategy based on gravitational field theory[J]. Chinese Physics B，2015，24(10)：108901.

[30] Ericsson M，Resende M G C，Pardalos P M. A genetic algorithm for the weight setting problem in OSPF routing [J]. Journal of Combinatorial Optimization，2002，6(3)：299-333.

[31] Zhao L，Park K，Lai Y C. Attack vulnerability of scale-free networks due to cascading breakdown[J]. Physical Review E，2004，70(3)：035101.

[32] Krioukov D，Fall K，Yang X. Compact routing on Internet-like graphs[C]//INFOCOM 2004. Twenty-third AnnualJoint Conference of the IEEE Computer and Communications Societies. IEEE，2004：1.

[33] Wang W X，Wang B H，Yin C Y，et al. Traffic dynamics based on local routing protocol on a scale-free network[J]. Physical Review E，2006，73(2)：026111.

[34] Yin C Y，Wang B H，Wang W X，et al. Efficient routing on scale-free networks based on local information[J]. Physics letters A，2006，351(4-5)：220-224.

[35] Noh J D，Rieger H. Random walks on complex networks[J]. Physical Review Letters，2004，92(11)：118701.

[36] Erdös P，Rényi A. On the evolution of random graphs[J]. Pubications of the Mathematic Institute of the Hungarian Academy of Sciences Acad Sci，1960，5：17-61.

[37] Bollobás B. Random graphs[M]. New York，NY：Springer，1998：215-252.

[38] Barabási A L，Albert R. Emergence of scaling in random networks[J]. Science，1999，286(5439)：509-512.

[39] Power Systems Test Case Archive，Iceland Network[DB/OL]. 2011[2013-03-21]. http：//www. maths. ed. ac. uk/optenergy/NetworkData/iceland/.

[40] 孟仲偉，魯宗相，宋靖雁. 中美電網的小世界拓撲模型比較分析[J]. 電力系統自動化，2004，28(15)：21-24.

[41] Arenas A，Díaz-Guilera A，Guimerà R. Communication in networks with hierarchical branching[J]. Physical Review Letters，2001，86(14)：3196.

複雜系統彈性建模與評估

作　　者：李瑞瑩，杜時佳，康銳
發 行 人：黃振庭
出 版 者：崧燁文化事業有限公司
發 行 者：崧燁文化事業有限公司
E-mail：sonbookservice@gmail.com
粉 絲 頁：https://www.facebook.com/sonbookss/
網　　址：https://sonbook.net/
地　　址：台北市中正區重慶南路一段六十一號八樓 815 室
Rm. 815, 8F., No.61, Sec. 1, Chongqing S. Rd., Zhongzheng Dist., Taipei City 100, Taiwan
電　　話：(02) 2370-3310
傳　　真：(02) 2388-1990
印　　刷：京峯彩色印刷有限公司（京峰數位）
律師顧問：廣華律師事務所 張珮琦律師

定　　價：360 元
發行日期：2022 年 03 月第一版
◎本書以 POD 印製

國家圖書館出版品預行編目資料

複雜系統彈性建模與評估 / 李瑞瑩, 杜時佳, 康銳著 . -- 第一版 . -- 臺北市 : 崧燁文化事業有限公司, 2022.03
面；　公分
POD 版
ISBN 978-626-332-123-6(平裝)
1.CST: 系統工程 2.CST: 系統分析
440　　111001508

電子書購買

臉書